"十二五"高等职业教育机电类专业规划教材

极限配合与技术测量

（第二版）

吴艳红　主　编

吕江毅　周丽丹　副主编

中国铁道出版社有限公司

CHINA RAILWAY PUBLISHING HOUSE CO., LTD.

内 容 简 介

本书主要内容包括：绪论，孔、轴结合的极限与配合，技术测量基础，几何公差及检测，表面粗糙度及检测，光滑极限量规，键、花键连接的公差与检测，普通螺纹连接的公差与检测，圆柱齿轮传动的公差与检测等。

本书突出职业教育的特点，侧重于基本概念的讲解和标准的应用，内容简明扼要，突出实用技能，习题形式多样，便于教学使用和学生自我测评。本书全部采用最新国家标准，最新的名词术语和图形符号。

本书适合作为高等职业院校机电类、近机类、工程技术类的专业教材，也可供相关人员岗位培训和自学使用。

图书在版编目（CIP）数据

极限配合与技术测量/吴艳红主编 . —2 版 . —北京：
中国铁道出版社，2015.7（2022.7 重印）
"十二五"高等职业教育机电类专业规划教材
ISBN 978 - 7 - 113 - 13889 - 9

Ⅰ.①极… Ⅱ.①吴… Ⅲ.①公差-配合-高等职业
教育- 教材②技术测量-高等职业教育-教材 Ⅳ.
①TG801

中国版本图书馆 CIP 数据核字（2015）第 133079 号

书　　名：**极限配合与技术测量**
作　　者：吴艳红

策　　划：何红艳		编辑部电话：（010）63560043	
责任编辑：何红艳			
编辑助理：钱　鹏			
封面设计：付　巍			
封面制作：白　雪			
责任校对：王　杰			
责任印制：樊启鹏			

出版发行：中国铁道出版社有限公司（100054，北京市西城区右安门西街 8 号）
网　　址：http://www.tdpress.com/51eds/
印　　刷：三河市航远印刷有限公司
版　　次：2010 年 6 月第 1 版　2015 年 7 月第 2 版　2022 年 7 月第 6 次印刷
开　　本：787 mm×1 092 mm　1/16　**印张**：10　**字数**：227 千
印　　数：7 501～8 500 册
书　　号：ISBN 978 - 7 - 113 - 13889 - 9
定　　价：24.00 元

第二版前言

《极限配合与技术测量》是高等职业院校机电类、近机类专业和工程技术类各专业课程体系中的主干课程，它紧紧围绕机械产品零部件的制造误差和公差及其关系，研究零部件的设计、制造精度与技术测量的方法，是联系基础课向专业课过渡的桥梁，同时也起着设计类课程与制造工艺课程间的纽带作用。

《极限配合与技术测量》自 2010 年出版以来受到高职、中职等职业技术院校广大师生的好评。第二版教材是在广泛征求用书院校师生意见、并结合目前最新的教学需求修订而成。新教材在第一版基础上主要做了以下几方面改进：

（1）每章提出了学习目标，明确学习的知识和技能要求。

（2）对新旧国家标准最主要的不同点进行了对比说明，便于学生学习使用，也满足了新旧国家标准交替过渡期的需求。

（3）吸收和借鉴了各地学校的教学改革经验，以必需、够用为原则，表达上更加通俗易懂，便于教学和自学。

本教材由山西大学职业技术学院吴艳红任主编并负责全书统稿，北京电子科技职业学院（汽车工程学院）吕江毅、山西职业技术学院周丽丹任副主编。全书共有 9 章，内容包括绪论，孔、轴结合的极限与配合，技术测量基础，几何公差及其检测，表面粗糙度及其检测，光滑极限量规，键、花键连接的公差与检测，普通螺纹连接的公差与检测，圆柱齿轮传动的公差与检测等。建议课时分配如下：

章	课程内容	讲课/课时	实训/课时	合计/课时
第 1 章	绪论	2	—	2
第 2 章	孔、轴结合的极限与配合	12	—	12
第 3 章	技术测量基础	4	4	8
第 4 章	几何公差及其检测	12	4	16
第 5 章	表面粗糙度及其检测	2	2	4
第 6 章	光滑极限量规	2	—	2
第 7 章	键、花键连接的公差与检测	2	2	4
第 8 章	普通螺纹连接的公差与检测	2	2	4

章	课程内容	讲课/课时	实训/课时	合计/课时
第 9 章	圆柱齿轮传动的公差与检测	4	—	4
	机动	4	—	4
	综合实践		1 周	
	总计			60＋1 周

综合实践周应根据学校的具体条件安排教学内容和教学时间，目的是使学生能熟练识读图样中的相关内容并正确测量及检验，即综合运用知识的能力和解决现场问题的能力。

限于编者水平和时间有限，书中难免存在疏漏之处，欢迎广大读者批评指正。

编　者
2015 年 3 月

第一版前言

本书是高等职业教育"十二五"规划教材，是根据高等职业教育培养目标和教学要求，并参照国家最新相关标准编写的适用于机电类、近机类、工程技术类等相关专业的教材。

极限配合与技术测量是一门实践性强、应用广的专业基础课。本课程的任务是传授机械零部件精度设计的原则和方法以及机械产品质量保证的测量和检验技术。

本书的主要特点有：

1. 根据高等职业教育培养目标是为生产一线培养高级技术人才的教学特点，本教材注重学生的创新精神和实践能力的培养。采用新的课程体系和编排次序，突出重点，讲求实用，符合学生的认知规律，方便教与学。

2. 根据高等职业教育的特点，教材中的基础理论部分以应用为目的，以必需够用为出发点，适当地降低了难度，突出了应用。对测量器具，在选型方面立足于国内产品，并介绍其工作原理。

全书共分九章，内容包括：绪论，孔、轴结合的极限与配合，技术测量基础，几何公差及其检测，表面粗糙度及其检测，光滑极限量规，键、花键连接的公差与检测，普通螺纹连接的公差与检测，圆柱齿轮传动的公差与检测。各章均配置了适量的复习与思考题，以加深对所学内容的理解，满足教学要求。

参加本书编写的有：山西大学职业技术学院吴艳红、周丽丹，北京电子科技职业学院（汽车工程学院）吕江毅、甄雯，太原铁路机械学校陈志江，昆明铁路机械学校孟莹，北京电气工程学校李桂珍，北京自动化工程学校高卫红。

本书由吴艳红主编，负责全书的统稿，吕江毅、陈志江任副主编。

本书由山西大学职业技术学院高级讲师王英杰担任主审。王英杰高级讲师对本书提出许多宝贵意见，在此表示衷心感谢！限于编者的水平，书中难免仍有错漏之处，欢迎广大任课老师和读者批评指正。

编　者
2010 年 4 月

目　　录

第1章 绪 论

学习目标

1. 知道互换性的概念。
2. 能说出互换性和标准化、技术测量的关系。

1.1 互换性的基本概念

在现代化大规模生产中，常采用专业化的协作生产（分散加工、集中装配），例如在汽车制造业中，成千上万个汽车零部件是由上百个厂家进行专业化协作生产的，汽车制造厂只负责生产主要零部件，最后集中在汽车制造厂进行总装。由此可知，实现专业化协作生产的重要条件是所生产的零部件必须具有互换性。

相关链接

汽车是人类创造的精美机器，它改变了人类的世界。汽车工业标志着一个国家的科技水平，汽车工业所涉及的新技术范围之广、数量之多是其他产业难以相比的，汽车是唯一一种零件以万计、产量以万计、保有量以亿计的高科技产品。下图照片为某汽车厂总装车间。

互换性是指同一规格的零部件，不需做任何挑选、调整或辅助加工（如钳工修配）就能进行装配，并能满足机械产品使用性能要求的一种特性。例如，更换某装配体上的 M8 螺母时，只需任选一个相同规格的螺母就能旋入使用，如图 1-1 所示；又如减速器上从动轴轴承磨损需要更换，而更换上相同型号的轴承后，从动轴就能恢复原有使用性能要求，如图 1-2所示，所以这些零部件都具有互换性。

根据互换的程度不同，互换性分为完全互换性和不完全互换性两种。完全互换性是指零部件在装配时，不需要做任何选择或辅助加工。其通用性强，装配方便，有利于专业化生产，在制造业中被广泛采用。不完全互换性是指零部件在装配时允许有附加的选择和调整，但不允许修配。不完全互换性通常用于生产内部或装配精度要求较高的场合。

图 1-1　螺母具有互换性

图 1-2　轴承具有互换性

　　零部件的互换性既包括其几何参数（如尺寸、几何形状和表面粗糙度）的互换，也包括其机械性能（如硬度、强度等）的互换。本课程仅论述几何参数的互换性。

1.2　互换性的实现

　　互换性是现代化生产的基本技术经济原则。生产中如何实现互换性？是否需要同一规格零件的几何参数完全一致？实践证明，这是不可能也是没有必要的。只要同规格零件的几何参数在一定范围内变动，就能达到互换性要求。这个允许零件几何参数的变动量就是公差，它包括尺寸公差、几何公差及表面粗糙度大小等。

1.2.1　标准和标准化

　　为实现互换性，就必须建立一个共同的技术标准，以满足各生产环节之间相互衔接的要求。国际标准化组织（ISO）所制定的标准，是代表先进技术水平的国际协议。许多国家（包括中国）参照它制定本国的国家标准，或完全采用国际标准。我国国家标准分为国家标准、行业标准、地方标准和企业标准四级。

　　制定、发布和贯彻执行标准的全部活动过程，称为标准化。标准化使分散的、局部的各部门与企业在技术上有了共同的技术标准，形成一个统一的整体。

　　标准化是实现互换性的技术基础，是组织现代化生产的重要手段。

📚 相关链接

　　标准是以科学、技术和经验的综合成果为基础，以促进最佳社会效益为目的而制定的。我国的国家标准通过审查后由国家质量监督检验检疫总局、国家标准化管理委员会审批、给定标准编号并批准发布。

　　代号 GB 为强制性国家标准，代号 GB/T 为推荐性国家标准，代号 GB/Z 为指导性国家标准。

1.2.2　技术测量

合格的零件才能实现互换性。零件的几何参数公差都是一些微小量，单凭人的感官难以判断所加工的零件是否已达到设计要求，必须通过检测，才能判定零件是否合格。因此，技术测量是实现互换性的技术保证。

在机械制造业中，机械加工与技术测量是相互依存的，特别是精密加工与精密技术测量更是相互促进又相互制约。因此在某种意义上，技术测量水平标志着一个国家的科学技术和生产水平，所以其研究和发展受到各国的普遍重视。

1.3　本课程的目标和特点

"极限配合与技术测量"是高等职业院校机电专业和工程技术类各专业的主干课程，是从基础课向专业课过渡的桥梁。

学习本课程应掌握以下基本内容：

（1）了解互换性、标准化和技术测量的概念和作用；

（2）熟悉极限与配合、几何公差、表面粗糙度等基本概念，了解基本术语，能看懂工程图样上的标注；

（3）了解主要连接件和传动件的公差与配合；

（4）了解技术测量的基本知识，学会使用常用测量器具。

本课程由极限配合与测量技术两大部分组成，极限配合主要介绍国家标准的相关内容，属于标准化范畴，技术测量属于计量学范畴。本课程将二者有机结合在一起，具有较强的技术性和实践性。

小　　结

本章主要介绍了互换性的基本概念。想要实现互换性，标准化是技术基础，技术测量是技术保证。在学习之后，同学们可以结合生活中的一些机械零件，了解互换性的广泛应用。

复习与思考

一、填空题

1. 互换性是指_____的一批零件或部件，不做任何_____、_____或_____，就能进行装配，并能保证满足机械产品使用性能要求的一种特性。

2. 根据互换的程度不同，互换性可分为_____和_____。

3. 机械零件几何参数的互换性标准包括_____、_____、_____。

二、简答题

1. 什么是完全互换性？什么是不完全互换性？

2. 简述我国的技术标准有哪几级。

三、讨论题

具有互换性零件的几何参数是否必须加工成完全一样？

第2章 孔、轴结合的极限与配合

学习目标

1. 掌握尺寸的公差和公差带概念。
2. 能判断孔、轴形成的各种配合性质。
3. 能识读图样上标注的极限配合代号的含义。

为使零件具有互换性，必须保证零件的尺寸、几何形状和相互位置，以及表面粗糙度等技术要求的一致性。就尺寸而言，互换性要求尺寸的一致性，并不是要求零件都准确地制成一个指定的尺寸，而只是要求这些零件的尺寸处在某一合理的范围之内。对于相互结合的零件，这个范围既要保证相互结合的尺寸之间形成一定的关系，以满足不同的使用要求，同时在制造上也是经济合理的，这就形成了"极限与配合"的概念。

知识拓展

随着资本主义大工业的快速发展，迫切要求零部件"互换性"的范围扩大。1902 年英国一家名为纽瓦尔（Newall）的公司制订并出版了一本《纽瓦尔标准——极限表》，这是现在看到的最早的极限与配合制。

我国 1959 年发布了 GB 159～174—1959《公差与配合》，它是参考前苏联标准编制的。1997～2003 年，我国陆续修订并发布了一组第三部"极限与配合"的国家标准。从总体上说，我国"极限与配合"标准制的标准体系已基本形成，现行的尺寸公差新标准也与 ISO 新标准保持了一一对应的关系。

GB/T 1800.1—2009《产品几何技术规范（GPS） 极限与配合》（以下简称《极限与配合》），主要修改的内容如下：

"基本尺寸"改为"公称尺寸"；上偏差、下偏差、最大极限尺寸和最小极限尺寸分别修改为上极限偏差、下极限偏差、上极限尺寸、下极限尺寸。

2.1 基本术语和定义

为了正确掌握极限与配合标准及其应用，必须首先熟悉极限与配合的基本术语和定义。

2.1.1 孔和轴

在国家标准《极限与配合》中，主要是规范孔、轴的尺寸公差，以及由孔和轴组成配合的规定。孔、轴在国家标准《极限与配合》中的特定含义，关系到极限与配合制度的应用范围。

1. 孔

孔主要指圆柱形的内表面，也包括其他内表面中由单一尺寸确定的部分。

2. 轴

轴主要指圆柱形的外表面，也包括其他外表面中由单一尺寸确定的部分。

由孔、轴定义可知，这里的孔、轴具有广泛的含义。孔和轴不仅是通常所理解的圆柱形的内表面和外表面，如图 2-1（a）所示，而且还表示其他几何形状的内、外表面中由单一尺寸确定的部分，如图 2-1（b）所示。

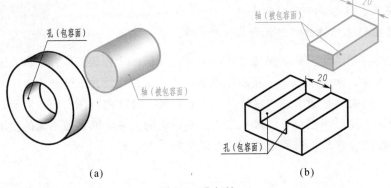

图 2-1　孔与轴

孔与轴的区别：从装配关系看，孔是包容面，轴是被包容面；从加工过程看，孔的尺寸由小变大，轴的尺寸由大变小。

2.1.2　尺寸的术语及其定义

1. 尺寸

用特定单位表示长度大小的数值称为尺寸。长度包括直径、半径、宽度、深度、高度和中心距等。尺寸由数值和特定单位两部分组成，如孔的直径是 50 mm。在机械图样中，一般以毫米（mm）为单位时，图样上只标注数值而不标注单位。

2. 公称尺寸

零件的公称尺寸是图样规范确定的理想形状要素的尺寸。如图 2-2 所示，$\phi10$ mm 为销轴直径的公称尺寸，35 mm 为其长度的公称尺寸；$\phi25$ mm 为孔直径的公称尺寸。

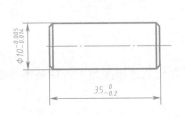
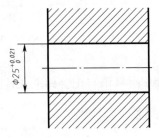

图 2-2　公称尺寸

孔的公称尺寸用大写字母 D 表示；轴的公称尺寸用小写字母 d 表示。

3. 实际尺寸

通过测量获得的尺寸称为实际尺寸。由于存在加工误差，零件同一表面上不同位置、不同部位的实际尺寸不一定相等。孔的实际尺寸用 D 表示 [见图 2-3 （a）]；轴的实际尺寸用 d 表示 [见图 2-3 （b）]。

4. 极限尺寸

允许尺寸变化的两个界限值称为极限尺寸。在机械加工中，由于各种误差的存在，要把同一规格的零件加工成同一尺寸是不可能的。从使用的角度来讲，也没有必要。只需将零件的实际尺寸控制在一个具体范围内，就能满足使用要求，这个范围由上述两个极限尺寸确定，所以极限尺寸是为了方便加工和满足使用要求而确定的。

如图 2-3 所示，允许的最大尺寸称为上极限尺寸（D_{max}，d_{max}）；允许的最小尺寸称为下极限尺寸（D_{min}，d_{min}）。

孔的公称尺寸（D）＝$\phi 30$ mm

孔的上极限尺寸（D_{max}）＝$\phi 30.021$ mm

孔的下极限尺寸（D_{min}）＝$\phi 30$ mm

轴的公称尺寸（d）＝$\phi 30$ mm

轴的上极限尺寸（d_{max}）＝$\phi 29.993$ mm

轴的下极限尺寸（d_{min}）＝$\phi 29.980$ mm

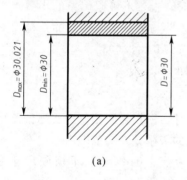 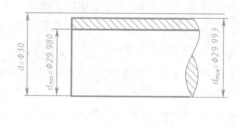

（a）　　　　　　　　　　　　　　　　　（b）

图 2-3　极限尺寸

公称尺寸和极限尺寸都是设计时给定的。公称尺寸可以在两个极限尺寸确定的范围之内，也可以在两个极限尺寸确定的范围之外，但合格零件的实际尺寸，必须介于两个极限尺寸之间。

2.1.3　尺寸偏差的术语及定义

尺寸偏差（简称偏差）是指某一尺寸（实际尺寸、极限尺寸等）减其公称尺寸所得的代数差。偏差分为实际偏差和极限偏差。

1. 极限偏差

极限偏差是指极限尺寸减其公称尺寸所得的代数差。由于极限尺寸有上极限尺寸和下极限尺寸之分，所以对应的极限偏差又分为上极限偏差和下极限偏差，如图 2-4 所示。

（1）上极限偏差。上极限偏差是指上极限尺寸减其公称尺寸所得的代数差。孔的上极限偏差用ES表示，轴的上极限偏差用 es 表示。

用公式表示，即

$$\text{ES}=D_{\max}-D \tag{2-1}$$

$$\text{es}=d_{\max}-d \tag{2-2}$$

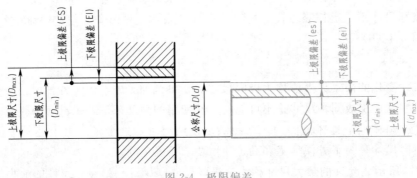

图 2-4　极限偏差

（2）下极限偏差。下极限偏差是指下极限尺寸减其公称尺寸所得的代数差。孔的下极限偏差用 EI 表示，轴的下极限偏差用 ei 表示。

用公式表示，即

$$\text{EI}=D_{\min}-D \tag{2-3}$$

$$\text{ei}=d_{\min}-d \tag{2-4}$$

（3）标注。一般在图样和技术文件上只标注公称尺寸和极限偏差。标注形式为：

$$\text{公称尺寸}^{\text{上极限偏差}}_{\text{下极限偏差}}$$

如图 2-2 中的 $\phi 10\,^{-0.005}_{-0.014}$，$35\,^{0}_{-0.2}$，$\phi 25\,^{+0.021}_{0}$。标注极限偏差时，上、下极限偏差的小数点必须对齐；当上、下极限偏差数值为零时，用数字"0"表示，并与另一极限偏差的个位数对齐；当上、下极限偏差数值相等而符号相反时应简化标注，如 $\phi 40\pm 0.008$。

2. 实际偏差

实际尺寸减其公称尺寸所得的代数差称为实际偏差。

由于极限尺寸和实际尺寸可能大于、等于或小于公称尺寸，所以极限偏差和实际偏差可以为正值、负值或零。显然，合格零件的实际偏差应在规定的极限偏差的范围内。

【**例 2-1**】某孔径的公称尺寸为 $\phi 50$ mm，上极限尺寸为 $\phi 50.048$ mm，下极限尺寸为 $\phi 50.009$ mm，求孔的上、下极限偏差。

解： 由式（2-1）、式（2-3）得：

孔的上极限偏差　　　　$\text{ES}=D_{\max}-D=50.048-50=+0.048$

孔的下极限偏差　　　　$\text{EI}=D_{\min}-D=50.009-50=+0.009$

标注为　　　　　　　　　　　　　　$\phi 50\,^{+0.048}_{+0.009}$

2.1.4　公差的术语及定义

1. 尺寸公差

尺寸公差是设计人员根据零件使用的精度要求，并考虑制造时的经济性，对尺寸变动范围给定的允许值，即允许尺寸的变动量。孔的公差用 T_h 表示，轴的公差用 T_s 表示，它等于上极限尺寸减下极限尺寸之差的绝对值，也等于上极限偏差减下极限偏差之差的绝对值，如图 2-5 所示，其表达式为：

孔的公差 $$T_h = |D_{max} - D_{min}| = |ES - EI| \qquad (2-5)$$

轴的公差 $$T_s = |d_{max} - d_{min}| = |es - ei| \qquad (2-6)$$

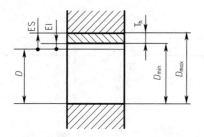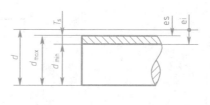

图 2-5 尺寸的偏差与公差

【例 2-2】有一孔的尺寸为 $\phi 50^{+0.048}_{+0.009}$，求零件的极限偏差和公差。

解：孔的上极限偏差 ES＝＋0.048

孔的下极限偏差 EI＝＋0.009

由公式（2-5）得：

孔的公差 $\qquad T_h = |ES - EI| = 0.048 - 0.009 = 0.039$

也可利用极限尺寸计算公差：

$$D_{max} = D + ES = 50 + 0.048 = 50.048$$

$$D_{min} = D + EI = 50 + 0.009 = 50.009$$

$$T_h = |D_{max} - D_{min}| = 50.048 - 50.009 = 0.039$$

由上述可知，公差和极限偏差是两个不同的概念。公差大小决定了尺寸的允许变动范围，公差值是绝对值，没有正、负、零；极限偏差决定极限尺寸相对其公称尺寸的位置（在公差带图中），极限偏差值可以是正值、负值或零。从加工的角度看，公差与零件的精度有关，而极限偏差可以判定零件是否合格。

2. 尺寸公差带及公差带图

由于公称尺寸与公差、极限偏差的大小相差悬殊，不便于用同一比例在图上表示，为了清楚地表示它们的关系，可采用简单明了的公差带图表示，如图 2-6 所示。

公差带图由零线和公差带两部分组成。

（1）零线　在公差带图中，表示公称尺寸的一条直线称为零线。通常零线沿水平方向绘制，在其左端画出表示偏差的符号"0"和"＋""－"号，零线上方表示偏差为正，零线下方表示偏差为负。在其左下方画上带单向箭头的尺寸线，并标上公称尺寸值。

（2）公差带　在公差带图中，由代表上极限偏差和下极限偏差的两条直线所限定的区域，称为公差带。用图表示的公差带，称为公差带图。

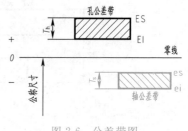

图 2-6 公差带图

公差带沿零线方向的长度可以适当选取。为了区别，一般在同一图中，孔和轴的公差带的剖面线相反，或疏密程度不同。

公差带图由"公差带的大小"和"公差带位置"两个要素决定。标准公差决定公差带大小，基本偏差决定公差带位置。公差带的大小指公差带在零线垂直方向上的宽度，即公差值的大小；公差带的位置指公差带相对于零线的位置。

【例 2-3】 绘出孔 $\phi 25^{+0.021}_{0}$ 和轴 $\phi 25^{-0.020}_{-0.033}$ 的公差带图。

解： 具体步骤如图 2-7 所示。

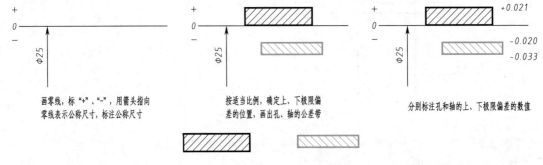

画零线，标"+"、"-"，用箭头指向   按适当比例，确定上、下极限偏   分别标注孔和轴的上、下极限偏差的数值
零线表示公称尺寸，标注公称尺寸   差的位置，画出孔、轴的公差带

图 2-7　例 2-3 尺寸公差带图

2.1.5　配合的术语及定义

配合是指公称尺寸相同，相互结合的孔和轴公差带之间的位置关系。零件在组装时，常使用配合这一概念来反映零件组装后的松紧程度。

1. 间隙与过盈

当孔的尺寸减去相配合的轴的尺寸为正时，称为间隙，一般用 X 表示，其数值前应标"+"号，如 $X = +0.025\ \text{mm}$。间隙的存在是孔与轴配合后能产生相对运动的基本条件。

当孔的尺寸减去相配合的轴的尺寸为负时，称为过盈，一般用 Y 表示，其数值前应标"−"号，如 $Y = -0.025\ \text{mm}$。过盈的存在是使配合零件位置固定或传递载荷的基本条件。

2. 配合的种类

根据形成间隙或过盈的情况，配合分为间隙配合、过盈配合和过渡配合三大类。

（1）间隙配合。间隙配合是指具有间隙（包括最小间隙等于零）的配合。当零件处于间隙配合时，孔的公差带在轴的公差带之上，如图 2-8 所示，且孔的实际尺寸总是大于或等于轴的实际尺寸。

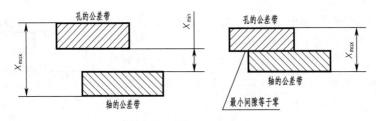

图 2-8　间隙配合的孔、轴公差带

由于孔、轴的实际尺寸允许在其公差带内变动，因而其配合的间隙也是变动的。当孔为上极限尺寸而与其相配合的轴为下极限尺寸时，配合处于最松状态，此时的间隙称为最大间隙，用 $X_{\max}$ 表示。当孔为下极限尺寸而与其相配合的轴为上极限尺寸时，配合处于最紧状态，此时的间隙称为最小间隙，用 $X_{\min}$ 表示。它们的平均值，称为平均间隙，用 X_{av} 表示。即

$$X_{\max} = D_{\max} - d_{\min} = \text{ES} - \text{ei} \tag{2-7}$$

$$X_{\min} = D_{\min} - d_{\max} = \text{EI} - \text{es} \tag{2-8}$$

$$X_{av} = \frac{(X_{max} + X_{min})}{2} \tag{2-9}$$

最大间隙与最小间隙统称为极限间隙，它们表示间隙配合中允许间隙变动的两个界限值。孔、轴装配后的实际间隙在最大间隙和最小间隙之间。间隙配合中，当孔的下极限尺寸等于轴的上极限尺寸时，最小间隙等于零，称为零间隙。

（2）过盈配合。过盈配合是指具有过盈（包括最小过盈等于零）的配合。当零件处于过盈配合时，孔的公差带在轴的公差带之下，如图 2-9 所示，且孔的实际尺寸总是小于或等于轴的实际尺寸。

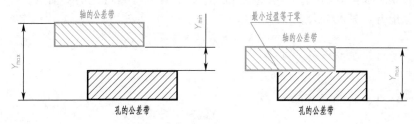

图 2-9　过盈配合的孔、轴公差带

由于孔、轴的实际尺寸允许在其公差带内变动，因而其配合的过盈也是变动的。当孔为下极限尺寸而与其相配合的轴为上极限尺寸时，配合处于最紧状态，此时的过盈称为最大过盈，用 Y_{max} 表示。当孔为上极限尺寸而与其相配合的轴为下极限尺寸时，配合处于最松状态，此时的过盈称为最小过盈，用 Y_{min} 表示。它们的平均值称为平均过盈，用 Y_{av} 表示。即

$$Y_{max} = D_{min} - d_{max} = EI - es \tag{2-10}$$

$$Y_{min} = D_{max} - d_{min} = ES - ei \tag{2-11}$$

$$Y_{av} = \frac{(Y_{max} + Y_{min})}{2} \tag{2-12}$$

最大过盈和最小过盈统称为极限过盈，它们表示过盈配合中允许过盈变动的两个界限值。孔、轴装配后的实际过盈在最小过盈和最大过盈之间。过盈配合中，当孔的上极限尺寸等于轴的下极限尺寸时，最小过盈等于零，称为零过盈。

（3）过渡配合。过渡配合是指可能具有间隙或过盈的配合。当零件处于过渡配合时，孔的公差带与轴的公差带相互交叠，如图 2-10 所示，且孔的实际尺寸可能大于或小于轴的实际尺寸。孔、轴配合时可能存在间隙，也可能存在过盈。

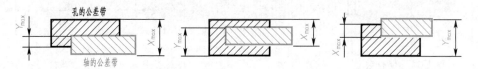

图 2-10　过渡配合的孔轴公差带

孔、轴的实际尺寸是允许在其公差带内变动的，当孔的尺寸大于轴的尺寸时，具有间隙。当孔为上极限尺寸，而轴为下极限尺寸时，配合处于最松状态，此时的间隙为最大间隙。当孔的尺寸小于轴的尺寸时，具有过盈。当孔为下极限尺寸，而轴为上极限尺寸时，配合处于最紧状态，此时的过盈为最大过盈。它们的平均值为正时，称为平均间隙；为负时，称为平均过盈。

即

$$X_{max} = D_{max} - d_{min} = ES - ei$$

$$Y_{max} = D_{min} - d_{max} = EI - es$$

$$X_{av}(Y_{av}) = \frac{(X_{max} + Y_{max})}{2} \tag{2-13}$$

在过渡配合中，如果计算结果是平均间隙，说明在这批零件中主要是存在间隙；如果计算结果是平均过盈，说明在这批零件中主要是存在过盈。过渡配合中也可能出现孔的尺寸减轴的尺寸为零的情况。这个零值可称为零间隙，又称零过盈，但它不能代表过渡配合的性质特征。代表过渡配合松紧程度的特征值是最大间隙和最大过盈。

3. 配合公差与配合公差带图

配合公差是组成配合的孔、轴公差之和，它是允许间隙或过盈的变动量。

对于间隙配合，其配合公差 T_f 为

$$T_f = |X_{max} - X_{min}| = T_h + T_s \tag{2-14}$$

对于过盈配合，其配合公差 T_f 为

$$T_f = |Y_{min} - Y_{max}| = T_h + T_s \tag{2-15}$$

对于过渡配合，其配合公差 T_f 为

$$T_f = |X_{max} - Y_{max}| = T_h + T_s \tag{2-16}$$

配合公差决定孔与轴的配合精度。式（2-14）～式（2-16）表明，配合精度决定于相互配合的孔和轴的尺寸精度（尺寸公差）。配合公差与极限间隙和极限过盈之间的关系可用配合公差带图表示，如图 2-11 所示。图中的零线是确定间隙或过盈的基准线，即零线上的间隙或过盈为零。纵坐标表示间隙或过盈，零线上方表示间隙，下方表示过盈。由代表极限间隙或极限过盈的两条直线段所限定的一个区域称为配合公差带，它在垂直于零线方向的宽度代表配合公差。在配合公差带图解中，极限间隙量或过盈量的常用单位为 μm。

【例 2-4】 配合的孔、轴零件，孔的尺寸为 $\phi 80^{+0.030}_{0}$ mm，轴的尺寸为 $\phi 80^{-0.030}_{-0.049}$ mm，求最大间隙和最小间隙各是多少？画出尺寸公差带图并求配合公差。

解：尺寸公差带图如图 2-12 所示。

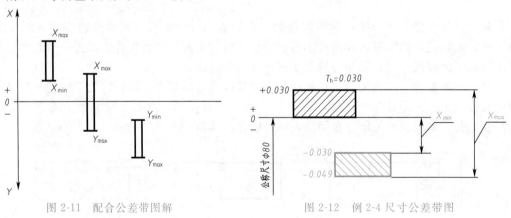

图 2-11 配合公差带图解　　　　图 2-12 例 2-4 尺寸公差带图

按极限尺寸计算

$$D_{max} = 80 + 0.030 = 80.030 \ (mm)$$

$$D_{min} = 80 + 0 = 80 \ (mm)$$

$$d_{max} = 80 + (-0.030) = 79.970 \ (mm)$$

$$d_{min} = 80 + (-0.049) = 79.951 \ (mm)$$

$$X_{max} = D_{max} - d_{min} = 80.030 - 79.951 = +0.0790 \ (mm)$$

$$X_{min} = D_{min} - d_{max} = 80 - 79.970 = +0.030 \ (mm)$$

按偏差计算，则

$$X_{max} = ES - ei = 0.030 - (-0.049) = +0.079 \text{（mm）}$$

$$X_{min} = EI - es = 0 - (-0.030) = +0.030 \text{（mm）}$$

$$T_f = X_{max} - X_{min} = 0.079 - 0.030 = 0.049 \text{（mm）}$$

或

$$T_f = T_h + T_s = 0.030 + 0.019 = 0.049 \text{（mm）}$$

按极限尺寸计算和按偏差计算的结果是相同的，在使用时可以任选一种。相对而言用偏差计算较简单，但必须注意偏差数值是连同其正、负号一起使用的。

【**例 2-5**】相配合的孔、轴零件，孔的尺寸为 $\phi100^{-0.058}_{-0.093}$ mm，轴的尺寸为 $\phi100^{\ 0}_{-0.022}$ mm，求最大过盈和最小过盈各是多少？画出尺寸公差带图并求配合公差。

解：由式（2-10）、式（2-11）、式（2-16）得：

$$Y_{max} = EI - es = -0.093 - 0 = -0.093 \text{（mm）}$$

$$Y_{min} = ES - ei = -0.058 - (-0.022) = -0.036 \text{（mm）}$$

$$T_f = |Y_{min} - Y_{max}| = |(-0.036 - (-0.093))| = 0.057 \text{（mm）}$$

尺寸公差带图如图 2-13 所示。

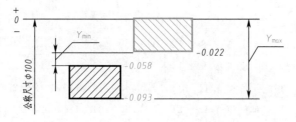

图 2-13　例 2-5 尺寸公差带图

【**例 2-6**】孔、轴为过渡配合，孔的尺寸为 $\phi50^{+0.025}_{\ 0}$ mm，轴的尺寸为 $\phi50^{+0.018}_{+0.002}$ mm，求最大间隙和最大过盈各是多少？画出尺寸公差带图并求配合公差。

解：由式（2-7）、式（2-10）和式（2-16）得

$$X_{max} = ES - ei = +0.025 - (+0.002) = +0.023 \text{（mm）}$$

$$Y_{max} = EI - es = 0 - (+0.018) = -0.018 \text{（mm）}$$

$$T_f = |X_{max} - Y_{max}| = |+0.023 - (-0.018)| = 0.041 \text{（mm）}$$

尺寸公差带图如图 2-14 所示。

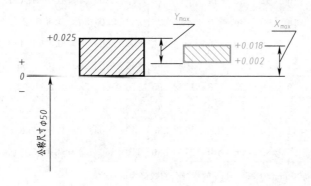

图 2-14　例 2-6 尺寸公差带图

2.2 极限与配合的国家标准

各种配合都是由孔、轴公差带组合形成的，而公差带是由"公差带的大小"和"公差带位置"两个要素决定的。标准公差决定公差带大小，基本偏差决定公差带位置。为了使公差与配合标准化，国家标准规定了标准公差和基本偏差两个系列。

2.2.1 标准公差系列

国家标准《极限与配合》中所规定的任一公差称为标准公差。标准公差的数值如表 2-1 所示。从表中可看出，标准公差的数值与标准公差等级和公称尺寸分段两个因素有关。

表 2-1　标准公差数值表（摘自 GB/T 1800.1—2009）

公称尺寸 /mm		标准公差等级																
大于	至	IT1	IT2	IT3	IT4	IT5	IT6	IT7	IT8	IT9	IT10	IT11	IT12	IT13	IT14	IT15	IT16	IT17	IT18
		μm											mm						
—	3	0.8	1.2	2	3	4	6	10	14	25	40	60	0.1	0.14	0.25	0.4	0.6	1	1.4
3	6	1	1.5	2.5	4	5	8	12	18	30	48	75	0.12	0.48	0.3	0.18	0.75	1.2	1.8
6	10	1	1.5	2.5	4	6	9	15	22	36	58	90	0.15	0.22	0.36	0.58	0.9	1.5	2.2
10	18	1.2	2	3	5	8	11	18	27	43	70	110	0.18	0.27	0.43	0.7	1.1	1.8	2.7
18	30	1.5	2.5	4	6	9	13	21	33	52	84	130	0.21	0.33	0.52	0.84	1.3	2.1	3.3
30	50	1.5	2.5	4	7	11	16	25	39	62	100	160	0.25	0.39	0.62	1	1.6	2.5	3.9
50	80	2	3	5	8	13	19	30	46	74	120	190	0.3	0.46	0.74	1.2	1.9	3	4.6
80	120	2.5	4	6	10	15	22	35	54	87	140	220	0.35	0.54	0.87	1.4	2.2	3.5	5.4
120	180	3.5	5	8	12	18	25	40	63	100	160	250	0.4	0.63	1	1.6	2.5	4	6.3
180	250	4.5	7	10	14	20	29	46	72	115	185	290	0.46	0.72	1.15	1.85	2.9	4.6	7.2
250	315	6	8	12	16	23	32	52	81	130	210	320	0.52	0.81	1.3	2.1	3.2	5.2	8.1
315	400	7	9	13	18	25	36	57	89	140	230	360	0.75	0.89	1.4	2.3	3.6	5.7	8.9
400	500	8	10	15	20	27	40	63	97	155	250	400	0.63	0.97	1.55	2.5	4	6.3	9.7
500	630	9	11	16	22	32	44	70	110	175	280	440	0.7	1.1	1.75	2.8	4.4	7	11
630	800	10	13	18	25	36	50	80	125	200	320	500	0.8	1.25	2	3.2	5	8	12.5
800	1 000	11	15	21	28	40	56	90	140	230	360	560	0.9	1.4	2.3	3.6	5.6	9	14
1 000	1 250	13	18	24	33	47	66	105	165	260	420	660	1.05	1.65	2.6	4.2	6.6	10.5	16.5
1 250	1 600	15	21	29	39	55	78	125	195	310	500	780	1.25	1.95	3.1	5	7.8	12.5	19.5
1 600	2 000	18	25	35	46	65	92	150	230	370	600	920	1.5	2.3	3.7	6	9.2	15	23
2 000	2 500	22	30	41	55	78	110	175	280	440	700	1 100	1.75	2.8	4.4	7	11	17.5	28
2 500	3 150	26	36	50	68	96	135	210	330	540	860	1 350	2.1	3.3	5.4	8.6	13.5	21	33

注：1. 公称尺寸大于 500 mm 的 IT1～IT5 的标准公差数值为试行的。

　　2. 公称尺寸小于 1 mm 时，无 IT14～IT18。

　　3. IT01 和 IT0 在工业上很少用到，因此本表中未列。

1. 标准公差等级

标准公差等级是指确定尺寸精度的等级。各种机器零件和零件上不同部位的作用不同，要求尺寸的精确程度就不同。为了满足生产的需要，国家标准设置了 20 个公差等级，即 IT01、IT0、IT1、IT2、…、IT18。IT 表示标准公差，阿拉伯数字表示公差等级，IT01 精度最高，IT18 精度最低，其关系如图 2-15 所示。

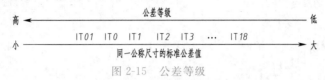

图 2-15　公差等级

公称尺寸相同时，标准公差数值随公差等级的降低而依次增大，即公差等级越高，公差值越小，精度越高，反之亦然。需要注意的是，属于同一公差等级的所有公称尺寸，被认为具有相同的精确程度。例如：公称尺寸在 30～50 mm 尺寸段的标准公差是 0.025 mm，而在 120～180 mm 尺寸段的标准公差是 0.040 mm，虽然标准公差数值不同，但它们的公差等级都是 7 级，我们仍然认为它们在使用和制造上具有相等的精确程度。也就是说，不能仅从零件的公差值的大小判断零件的精度高低。

2. 公称尺寸分段

在实际生产中使用的公称尺寸很多，如果每一个公称尺寸都对应一个公差值，就会形成一个庞大的公差数值表，不利于实现标准化，给实际生产带来困难。因此，国家标准对公称尺寸进行了分段。尺寸分段后，同一尺寸段内所有的公称尺寸，在相同公差等级的情况下，规定具有相同的公差值。如公称尺寸 40 mm 和 50 mm 都在大于 30～50 mm 尺寸段，两尺寸的 IT7 数值均为 0.025 mm。

2.2.2　基本偏差系列

1. 基本偏差

国家标准在《极限与配合》中规定，用以确定公差带相对于零线位置的上极限偏差或下极限偏差，称为基本偏差。基本偏差一般为靠近零线的那个偏差。如图 2-16 所示，当公差带在零线上方时，其基本偏差为下极限偏差；当公差带在零线下方时，其基本偏差为上极限偏差。当公差带的某一偏差为零时，此偏差自然就是基本偏差。有的公差带相对于零线是完全对称的，则基本偏差可为上极限偏差，也可为下极限偏差。例如，$\phi50\pm0.012$ 的基本偏差可为上极限偏差 $+0.012$ mm，也可为下极限偏差 -0.012 mm。

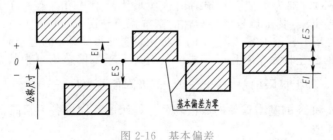

图 2-16　基本偏差

2. 基本偏差代号

基本偏差的代号用拉丁字母按顺序排列表示，大写字母表示孔的基本偏差，小写字母表示轴的基本偏差。为了不与其他代号相混淆，在 26 个字母中去掉了 I，L，O，Q，W（i，l，o，q，w）5 个字母，同时增加了 CD，EF，FG，JS，ZA，ZB，ZC（cd，ef，fg，js，za，zb，zc）7 个双写字母。这样孔和轴各有 28 个基本偏差代号，孔、轴的 28 个基本偏差系列分别如图 2-17 所示。

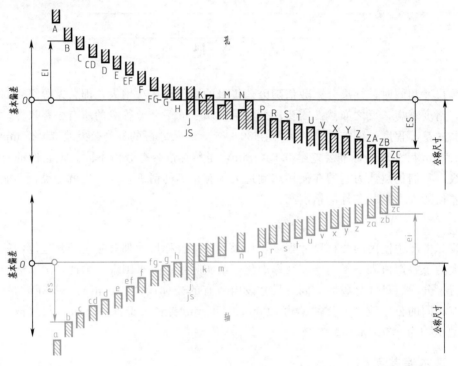

图 2-17　孔和轴偏差系列图

3. 基本偏差系列图及其特征

图 2-17 所示为基本偏差系列图，它表示公称尺寸相同的 28 种孔、轴的基本偏差相对零线的位置关系。此图只表示公差带位置，不表示公差带大小。所以，图中公差带只画了靠近零线的一端，另一端是开口的，开口端的极限偏差由标准公差确定。从基本偏差系列图中可以看出：

（1）孔和轴同字母的基本偏差相对零线基本呈对称分布。

（2）对于轴，a～h 为上极限偏差 es，并且为负值，其绝对值依次减小；j～zc 为下极限偏差 ei（除 j 和 k 外），都为正值，其绝对值依次增大。对于孔，A～H 为下极限偏差 EI，J～ZC 为上极限偏差 ES，其正负号情况与轴的基本偏差情况相反。

（3）H（h）的基本偏差为零，即 H 的下极限偏差 EI＝0；h 的上极限偏差 es＝0。

（4）JS（js）的公差带完全对称于零线，其上、下极限偏差均可为基本偏差，其数值为公差带宽度的一半，即上极限偏差为 $\left(+\dfrac{\text{IT}}{2}\right)$，下极限偏差为 $\left(-\dfrac{\text{IT}}{2}\right)$。

（5）k、K、M 和 N 的基本偏差的数值随公差等级的不同也各不相同。

4. 基本偏差数值表

国家标准对孔和轴的基本偏差数值进行了标准化，如表 2-2 和表 2-3 所示。

表2-2 轴的基本偏差数值

基本偏差数值（上极限偏差es）

所有标准公差等级

基本尺寸/mm 大于	至	a	b	c	cd	d	e	ef	f	fg	g	h	js
—	3	-270	-140	-60	-34	-20	-14	-10	-6	-4	-2	0	$偏差 = \pm \dfrac{IT_n}{2}$，式中 IT_n 是 IT 值数
3	6	-270	-140	-70	-46	-30	-20	-14	-10	-6	-4	0	
6	10	-280	-150	-80	-56	-40	-25	-18	-13	-8	-5	0	
10	14	-290	-150	-95		-50	-32		-16		-6	0	
14	18	-290	-150	-95		-50	-32		-16		-6	0	
18	24	-300	-160	-110		-65	-40		-20		-7	0	
24	30	-300	-160	-110		-65	-40		-20		-7	0	
30	40	-310	-170	-120		-80	-50		-25		-9	0	
40	50	-320	-180	-130		-80	-50		-25		-9	0	
50	65	-340	-190	-140		-100	-60		-30		-10	0	
65	80	-360	-200	-150		-100	-60		-30		-10	0	
80	100	-380	-220	-170		-120	-72		-36		-12	0	
100	120	-410	-240	-180		-120	-72		-36		-12	0	
120	140	-460	-260	-200		-145	-85		-43		-14	0	
140	160	-520	-280	-210		-145	-85		-43		-14	0	
160	180	-580	-310	-230		-145	-85		-43		-14	0	
180	200	-660	-340	-240		-170	-100		-50		-15	0	
200	225	-740	-380	-260		-170	-100		-50		-15	0	
225	250	-820	-420	-280		-170	-100		-50		-15	0	
250	280	-920	-480	-300		-190	-110		-56		-17	0	
280	315	-1050	-540	-330		-190	-110		-56		-17	0	
315	355	-1200	-600	-360		-210	-125		-62		-18	0	
355	400	-1350	-680	-400		-210	-125		-62		-18	0	
400	450	-1500	-760	-440		-230	-135		-68		-20	0	
450	500	-1600	-840	-480		-230	-135		-68		-20	0	
500	560					-260	-145		-76		-22	0	
560	630					-260	-145		-76		-22	0	
630	710					-290	-160		-80		-24	0	
710	800					-290	-160		-80		-24	0	
800	900					-320	-170		-86		-26	0	
900	1000					-320	-170		-86		-26	0	
1000	1120					-350	-195		-98		-28	0	
1120	1250					-350	-195		-98		-28	0	
1250	1400					-390	-220		-110		-30	0	
1400	1600					-390	-220		-110		-30	0	
1600	1800					-430	-240		-120		-32	0	
1800	2000					-430	-240		-120		-32	0	
2000	2240					-480	-260		-130		-34	0	
2240	2500					-480	-260		-130		-34	0	
2500	2800					-520	-290		-145		-38	0	
2800	3150					-520	-290		-145		-38	0	

基本偏差数值（下极限偏差ei）

基本尺寸/mm 大于	至	j IT5和IT6	j IT7	j IT8	k IT4~IT7	k ≤IT3 >IT7	m	n	p	r	s	t	u	v	x	y	z	za	zb	zc
—	3	-2	-4	-6	0	0	+2	+4	+6	+10	+14		+18		+20		+26	+32	+40	+60
3	6	-2	-4		+1	0	+4	+8	+12	+15	+19		+23		+28		+35	+42	+50	+80
6	10	-2	-5		+1	0	+6	+10	+15	+19	+23		+28		+34		+42	+52	+67	+97
10	14	-3	-6		+1	0	+7	+12	+18	+23	+28		+33		+40		+50	+64	+90	+130
14	18	-3	-6		+1	0	+7	+12	+18	+23	+28		+33	+39	+45		+60	+77	+108	+150
18	24	-4	-8		+2	0	+8	+15	+22	+28	+35		+41	+47	+54	+63	+73	+98	+136	+188
24	30	-4	-8		+2	0	+8	+15	+22	+28	+35	+41	+48	+55	+64	+75	+88	+118	+160	+218
30	40	-5	-10		+2	0	+9	+17	+26	+34	+43	+48	+60	+68	+80	+94	+112	+148	+200	+274
40	50	-5	-10		+2	0	+9	+17	+26	+34	+43	+54	+70	+81	+97	+114	+136	+180	+242	+325
50	65	-7	-12		+2	0	+11	+20	+32	+41	+53	+66	+87	+102	+122	+144	+172	+226	+300	+405
65	80	-7	-12		+2	0	+11	+20	+32	+43	+59	+75	+102	+120	+146	+174	+210	+274	+360	+480
80	100	-9	-15		+3	0	+13	+23	+37	+51	+71	+91	+124	+146	+178	+214	+258	+335	+445	+585
100	120	-9	-15		+3	0	+13	+23	+37	+54	+79	+104	+144	+172	+210	+254	+310	+400	+525	+690
120	140	-11	-18		+3	0	+15	+27	+43	+63	+92	+122	+170	+202	+248	+300	+365	+470	+620	+800
140	160	-11	-18		+3	0	+15	+27	+43	+65	+100	+134	+190	+228	+280	+340	+415	+535	+700	+900
160	180	-11	-18		+3	0	+15	+27	+43	+68	+108	+146	+210	+252	+310	+380	+465	+600	+780	+1 000
180	200	-13	-21		+4	0	+17	+31	+50	+77	+122	+166	+236	+284	+350	+425	+520	+670	+880	+1 150
200	225	-13	-21		+4	0	+17	+31	+50	+80	+130	+180	+258	+310	+385	+470	+575	+740	+960	+1 250
225	250	-13	-21		+4	0	+17	+31	+50	+84	+140	+196	+284	+340	+425	+520	+640	+820	+1 050	+1 350
250	280	-16	-26		+4	0	+20	+34	+56	+94	+158	+218	+315	+385	+475	+580	+710	+920	+1 200	+1 550
280	315	-16	-26		+4	0	+20	+34	+56	+98	+170	+240	+350	+425	+525	+650	+790	+1 000	+1 300	+1 700
315	355	-18	-28		+4	0	+21	+37	+62	+108	+190	+268	+390	+475	+590	+730	+900	+1 150	+1 500	+1 900
355	400	-18	-28		+4	0	+21	+37	+62	+114	+208	+294	+435	+530	+660	+820	+1 000	+1 300	+1 650	+2 100
400	450	-20	-32		+5	0	+23	+40	+68	+126	+232	+330	+490	+595	+740	+920	+1 100	+1 450	+1 850	+2 400
450	500	-20	-32		+5	0	+23	+40	+68	+132	+252	+360	+540	+660	+820	+1 000	+1 150	+1 600	+2 100	+2 600
500	560						+26	+44	+78	+150	+280	+400	+600							
560	630						+26	+44	+78	+155	+310	+450	+660							
630	710						+30	+50	+88	+175	+340	+500	+740							
710	800						+30	+50	+88	+185	+380	+560	+840							
800	900						+34	+56	+100	+210	+431	+620	+940							
900	1000						+34	+56	+100	+220	+470	+680	+1 050							
1000	1120						+40	+66	+120	+250	+520	+780	+1 150							
1120	1250						+40	+66	+120	+260	+580	+840	+1 300							
1250	1400						+48	+78	+140	+300	+640	+960	+1 450							
1400	1600						+48	+78	+140	+330	+720	+1 080	+1 600							
1600	1800						+58	+92	+170	+370	+820	+1 200	+1 850							
1800	2000						+58	+92	+170	+400	+920	+1 350	+2 000							
2000	2240						+68	+110	+195	+440	+1 000	+1 500	+2 300							
2240	2500						+68	+110	+195	+460	+1 100	+1 650	+2 500							
2500	2800						+76	+135	+240	+550	+1 250	+1 900	+2 900							
2800	3150						+76	+135	+240	+580	+1 400	+2 100	+3 200							

注：基本尺寸小于或等于1 mm时，基本偏差a和b均不采用，公差带js7～js11，若IT_n值数是奇数，则取偏差$=\pm\dfrac{IT_n-1}{2}$。

表2-3　孔的基本偏差数值

单位：μm

说明：下极限偏差 EI 列出 A～JS（所有标准公差等级）；上极限偏差 ES 列出 J、K、M、N、P至ZC。JS 栏：偏差 $=\pm \dfrac{IT_n}{2}$，式中 IT_n 是 IT 值数。P至ZC（≤IT7）栏：在大于 IT7 的相应数值上增加一个 Δ 值。

公称尺寸/mm 大于	至	A	B	C	CD	D	E	EF	F	FG	G	H	JS	J(IT6)	J(IT7)	J(IT8)	K(≤IT8)	K(>IT8)	M(≤IT8)	M(>IT8)	N(≤IT8)	N(>IT8)	P至ZC(≤IT7)
—	3	+270	+140	+60	+34	+20	+14	+10	+6	+4	+2	0	$\pm IT_n/2$	+2	+4	+6	0	0	-2	-2	-4	-4	+Δ
3	6	+270	+140	+70	+46	+30	+20	+14	+10	+6	+4	0		+5	+6	+10	-1+Δ		-4+Δ	-4	-8+Δ	0	+Δ
6	10	+280	+150	+80	+56	+40	+25	+18	+13	+8	+5	0		+5	+8	+12	-1+Δ		-6+Δ	-6	-10+Δ	0	+Δ
10	14	+290	+150	+95		+50	+32		+16		+6	0		+6	+10	+15	-1+Δ		-7+Δ	-7	-12+Δ	0	+Δ
14	18	+290	+150	+95		+50	+32		+16		+6	0		+6	+10	+15	-1+Δ		-7+Δ	-7	-12+Δ	0	+Δ
18	24	+300	+160	+110		+65	+40		+20		+7	0		+8	+12	+20	-2+Δ		-8+Δ	-8	-15+Δ	0	+Δ
24	30	+300	+160	+110		+65	+40		+20		+7	0		+8	+12	+20	-2+Δ		-8+Δ	-8	-15+Δ	0	+Δ
30	40	+310	+170	+120		+80	+50		+25		+9	0		+10	+14	+24	-2+Δ		-9+Δ	-9	-17+Δ	0	+Δ
40	50	+320	+180	+130		+80	+50		+25		+9	0		+10	+14	+24	-2+Δ		-9+Δ	-9	-17+Δ	0	+Δ
50	65	+340	+190	+140		+100	+60		+30		+10	0		+13	+18	+28	-2+Δ		-11+Δ	-11	-20+Δ	0	+Δ
65	80	+360	+200	+150		+100	+60		+30		+10	0		+13	+18	+28	-2+Δ		-11+Δ	-11	-20+Δ	0	+Δ
80	100	+380	+220	+170		+120	+72		+36		+12	0		+16	+22	+34	-3+Δ		-13+Δ	-13	-23+Δ	0	+Δ
100	120	+410	+240	+180		+120	+72		+36		+12	0		+16	+22	+34	-3+Δ		-13+Δ	-13	-23+Δ	0	+Δ
120	140	+460	+260	+200		+145	+85		+43		+14	0		+18	+26	+41	-3+Δ		-15+Δ	-15	-27+Δ	0	+Δ
140	160	+520	+280	+210		+145	+85		+43		+14	0		+18	+26	+41	-3+Δ		-15+Δ	-15	-27+Δ	0	+Δ
160	180	+580	+310	+230		+145	+85		+43		+14	0		+18	+26	+41	-3+Δ		-15+Δ	-15	-27+Δ	0	+Δ
180	200	+660	+340	+240		+170	+100		+50		+15	0		+22	+30	+47	-4+Δ		-17+Δ	-17	-31+Δ	0	+Δ
200	225	+740	+380	+260		+170	+100		+50		+15	0		+22	+30	+47	-4+Δ		-17+Δ	-17	-31+Δ	0	+Δ
225	250	+825	+420	+280		+170	+100		+50		+15	0		+22	+30	+47	-4+Δ		-17+Δ	-17	-31+Δ	0	+Δ
250	280	+920	+480	+300		+190	+110		+56		+17	0		+25	+36	+55	-4+Δ		-20+Δ	-20	-34+Δ	0	+Δ
280	315	+1050	+540	+330		+190	+110		+56		+17	0		+25	+36	+55	-4+Δ		-20+Δ	-20	-34+Δ	0	+Δ
315	355	+1200	+600	+360		+210	+125		+62		+18	0		+29	+39	+60	-4+Δ		-21+Δ	-21	-37+Δ	0	+Δ
355	400	+1350	+680	+400		+210	+125		+62		+18	0		+29	+39	+60	-4+Δ		-21+Δ	-21	-37+Δ	0	+Δ
400	450	+1500	+760	+440		+230	+135		+68		+20	0		+33	+43	+66	-5+Δ		-23+Δ	-23	-40+Δ	0	+Δ
450	500	+1650	+840	+480		+230	+135		+68		+20	0		+33	+43	+66	-5+Δ		-23+Δ	-23	-40+Δ	0	+Δ
500	560					+260	+145		+76		+22	0					0		-26		-44		+Δ
560	630					+260	+145		+76		+22	0					0		-26		-44		+Δ
630	710					+290	+160		+80		+24	0					0		-30		-50		+Δ
710	800					+290	+160		+80		+24	0					0		-30		-50		+Δ
800	900					+320	+170		+86		+26	0					0		-34		-56		+Δ
900	1000					+320	+170		+86		+26	0					0		-34		-56		+Δ
1000	1120					+350	+195		+98		+28	0					0		-40		-66		+Δ
1120	1250					+350	+195		+98		+28	0					0		-40		-66		+Δ
1250	1400					+390	+220		+110		+30	0					0		-48		-78		+Δ
1400	1600					+390	+220		+110		+30	0					0		-48		-78		+Δ
1600	1800					+430	+240		+120		+32	0					0		-58		-92		+Δ
1800	2000					+430	+240		+120		+32	0					0		-58		-92		+Δ
2000	2240					+480	+260		+130		+34	0					0		-68		-110		+Δ
2240	2500					+480	+260		+130		+34	0					0		-68		-110		+Δ
2500	2800					+520	+290		+145		+38	0					0		-76		-135		+Δ
2800	3150					+520	+290		+145		+38	0					0		-76		-135		+Δ

续上表

公称尺寸/mm		基本偏差数值 上极限偏差 ES 标准公差等级大于IT7												Δ值 标准公差等级					
大于	至	P	R	S	T	U	V	X	Y	Z	ZA	ZB	ZC	IT3	IT4	IT5	IT6	IT7	IT8
—	3	−6	−10	−14		−18		−20		−26	−32	−40	−60	0	0	0	0	0	0
3	6	−12	−15	−19		−23		−28		−35	−42	−50	−80	1	1.5	1	3	4	6
6	10	−15	−19	−23		−28		−34		−42	−52	−67	−97	1	1.5	2	3	6	7
10	14	−18	−23	−28		−33		−40		−50	−64	−90	−130	1	2	3	3	7	9
14	18	−18	−23	−28		−33	−39	−45		−60	−77	−108	−150	1	2	3	3	7	9
18	24	−22	−28	−35		−41	−47	−54	−63	−73	−98	−136	−188	1.5	2	3	4	8	12
24	30	−22	−28	−35	−41	−48	−55	−64	−75	−88	−118	−160	−218	1.5	2	3	4	8	12
30	40	−26	−34	−43	−48	−60	−68	−80	−94	−112	−148	−200	−274	1.5	3	4	5	9	14
40	50	−26	−34	−43	−54	−70	−81	−97	−114	−136	−180	−242	−325	1.5	3	4	5	9	14
50	65	−32	−41	−53	−66	−87	−102	−122	−144	−172	−226	−300	−405	2	3	5	6	11	16
65	80	−32	−43	−59	−75	−102	−120	−146	−174	−210	−274	−360	−480	2	3	5	6	11	16
80	100	−37	−51	−71	−91	−124	−146	−178	−214	−258	−335	−445	−585	2	4	5	7	13	19
100	120	−37	−54	−79	−104	−144	−172	−210	−254	−310	−400	−525	−690	2	4	5	7	13	19
120	140	−43	−63	−92	−122	−170	−202	−248	−300	−365	−470	−620	−800	3	4	6	7	15	23
140	160	−43	−65	−100	−134	−190	−228	−280	−340	−415	−535	−700	−900	3	4	6	7	15	23
160	180	−43	−68	−108	−146	−210	−252	−310	−380	−465	−600	−780	−1000	3	4	6	7	15	23
180	200	−50	−77	−122	−166	−236	−284	−350	−425	−520	−670	−880	−1150	3	4	6	9	17	26
200	225	−50	−80	−130	−180	−258	−310	−385	−470	−575	−740	−960	−1250	3	4	6	9	17	26
225	250	−50	−84	−140	−196	−284	−340	−425	−520	−640	−820	−1050	−1350	3	4	6	9	17	26
250	280	−56	−94	−158	−218	−315	−385	−475	−580	−710	−920	−1200	−1550	4	4	7	9	20	29
280	315	−56	−98	−170	−240	−350	−425	−525	−650	−790	−1000	−1300	−1700	4	4	7	9	20	29
315	355	−62	−108	−190	−268	−390	−475	−590	−730	−900	−1150	−1500	−1900	4	5	7	11	21	32
355	400	−62	−114	−208	−294	−435	−530	−660	−820	−1000	−1300	−1650	−2100	4	5	7	11	21	32
400	450	−68	−126	−232	−330	−490	−595	−740	−920	−1100	−1450	−1850	−2400	5	5	7	13	23	34
450	500	−68	−132	−252	−360	−540	−660	−820	−1000	−1250	−1600	−2100	−2600	5	5	7	13	23	34
500	560	−78	−150	−280	−400	−600													
560	630	−78	−155	−310	−450	−660													
630	710	−88	−175	−340	−500	−740													
710	800	−88	−185	−380	−560	−840													
800	900	−100	−210	−430	−620	−940													
900	1000	−100	−220	−470	−680	−1050													
1000	1120	−120	−250	−520	−780	−1150													
1120	1250	−120	−260	−580	−840	−1300													
1250	1400	−140	−300	−640	−960	−1450													
1400	1600	−140	−330	−720	−1050	−1600													
1600	1800	−170	−370	−820	−1200	−1850													
1800	2000	−170	−400	−920	−1350	−2000													
2000	2240	−195	−440	−1000	−1500	−2300													
2240	2500	−195	−460	−1100	−1650	−2500													
2500	2800	−240	−550	−1250	−1900	−2900													
2800	3150	−240	−580	−1400	−2100	−3200													

注1. 公称尺寸小于或等于1 mm时，基本偏差A和B及大于IT8的N均不采用。公差带JS7～JS11，若IT$_n$值数是奇数，则取偏差=±$\dfrac{IT_{n}-1}{2}$。

注2. 对小于或等于IT8的K、M、N和小于或等于IT7的P～ZC，所需Δ值从表内右侧选取。例如：18～30 mm段的K7，Δ=8 μm，所以ES=−2+8=6 μm；18～30 mm段的M6，ES=−9 μm（代替−11 μm）。特殊情况：250～315 mm段的M6，ES=−35+4=−31 μm。

2.2.3　基准制

如前所述，改变孔和轴的相对位置，可以实现不同性质的配合，以满足各类机器零件的使用要求。以配合零件中的一个零件为基准，并确定公差带，而改变另一个零件的公差带位置，从而形成各种配合的制度，称为基准制。国家标准规定了两种基准制，即基孔制和基轴制。

1. 基孔制

基孔制是指孔的基本偏差确定，孔公差带与不同基本偏差的轴的公差带形成各种配合的一种制度，如图 2-18 所示。

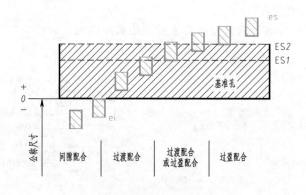

图 2-18　基孔制

基孔制配合中，孔是基准件，称为基准孔，其代号为 H，公差带在零线上方，基本偏差下极限偏差为零（EI＝0）。基准孔的下极限尺寸等于公称尺寸。

2. 基轴制

基轴制是指轴的基本偏差确定，轴公差带与不同基本偏差的孔的公差带形成各种配合的一种制度，如图 2-19 所示。

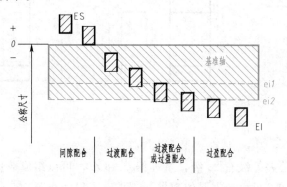

图 2-19　基轴制

基轴制配合中，轴是基准件，称为基准轴，其代号为 h，公差带在零线下方，基本偏差上极限偏差为零（es＝0）。基准轴的上极限尺寸等于公称尺寸。

在孔和轴的配合中，A～H 和 a～h 与基准件配合时，可以形成间隙配合；J～N 和 j～n

与基准件配合时，基本上形成过渡配合；P～ZC 和 p～zc 与基准件配合时，基本上形成过盈配合。由于基准件的基本偏差一定，公差带的大小由公差等级决定。因此，当某些非基准件和公差带较大的基准件配合时，可以形成过渡配合，而与公差带较小的基准件配合，则可能形成过盈配合，如 N（n）、P（p）等。

2.3 极限与配合的代号

2.3.1 孔、轴尺寸公差带代号

1. 公差带代号的组成

孔、轴公差带代号由基本偏差代号和公差等级数字组成，并要求用同一号字体书写，如图 2-20 所示。

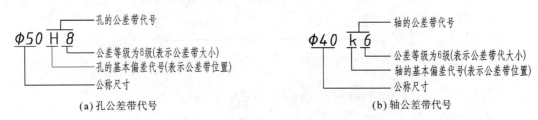

(a) 孔公差带代号　　　　　　　(b) 轴公差带代号

图 2-20　公差带代号

2. 尺寸公差带代号的标注

国家标准规定了尺寸公差带代号的标注方法有三种，如图 2-21 所示。其中图 2-21（a）只标注极限偏差数值，这种方法便于零件的加工；图 2-21（b）只标注公差带代号，这种方法能清楚表示公差带的性质；图 2-21（c）是公差带代号与极限偏差数值一起标注，兼有上面两种标注方法的优点，但较为麻烦。

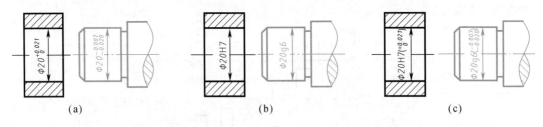

(a)　　　　　　　　　　(b)　　　　　　　　　　(c)

图 2-21　公差带的三种标注方法

3. 一般、常用和优先孔、轴公差带

如前所述，标准公差等级有 20 级，基本偏差 28 个，可以组成数量很大的公差带。为了便于生产，国家标准在满足生产需要的前提下，规定了尺寸小于 500 mm 孔和轴的一般、常用和优先公差带，如图 2-22 和图 2-23 所示。其中常用公差带用方框标明；优先选用公差带用圆圈标明。选用公差带时，应按照优先、常用、一般公差带的顺序选取。

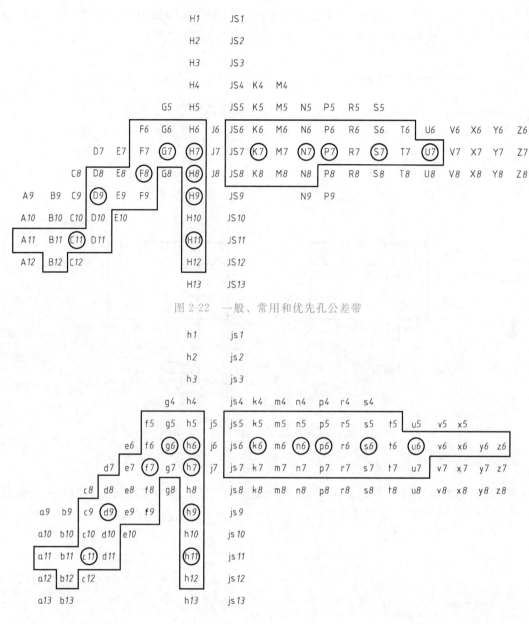

图 2-22　一般、常用和优先孔公差带

图 2-23　一般、常用和优先轴公差带

2.3.2　配合公差带代号

1. 配合代号的组成

　　配合代号在标准中用孔公差带和轴公差带代号的组合形式表示，写成分数形式，其中分子代表孔的公差带代号，分母代表轴的公差带代号，如图 2-24 所示。

2. 配合代号的标注

　　国家标准规定了配合代号在装配图上的标注方法有两种，如图 2-25 所示。其中

图 2-25（a）只标注配合代号，这种方法便于判断配合性质和公差等级；图 2-25（b）只标注极限偏差，这种方法便于判断配合的松紧程度，方便生产。

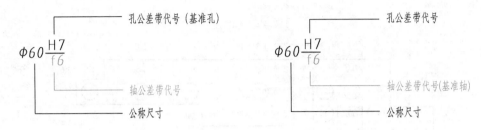

图 2-24　配合代号

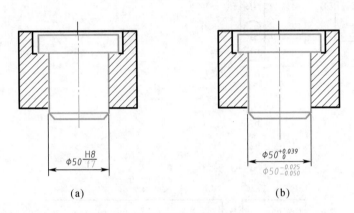

(a)　　　　　　　　　　　(b)

图 2-25　配合代号的标注

3. 常用和优先配合

在国家标准中，规定了尺寸小于 500 mm 范围内，基孔制和基轴制的常用和优先配合，如表 2-4 和表 2-5 所示。选用配合代号时，应按照优先、常用的顺序选取。

表 2-4　基孔制优先、常用配合

基准孔	轴																				
	a	b	c	d	e	f	g	h	js	k	m	n	p	r	s	t	u	v	x	y	z
	间隙配合								过渡配合				过盈配合								
H6						$\frac{H6}{f5}$	$\frac{H6}{g5}$	$\frac{H6}{h5}$	$\frac{H6}{js5}$	$\frac{H6}{k5}$	$\frac{H6}{m5}$	$\frac{H6}{n5}$	$\frac{H6}{p5}$	$\frac{H6}{r5}$	$\frac{H6}{s5}$	$\frac{H6}{t5}$					
H7						$\frac{H7}{f6}$	$\frac{H7}{g6}$	$\frac{H7}{h6}$	$\frac{H7}{js6}$	$\frac{H7}{k6}$	$\frac{H7}{m6}$	$\frac{H7}{n6}$	$\frac{H7}{p6}$	$\frac{H7}{r6}$	$\frac{H7}{s6}$	$\frac{H7}{t6}$	$\frac{H7}{u6}$	$\frac{H7}{v6}$	$\frac{H7}{x6}$	$\frac{H7}{y6}$	$\frac{H7}{z6}$
H8					$\frac{H8}{e7}$	$\frac{H8}{f7}$	$\frac{H8}{g7}$	$\frac{H8}{h7}$	$\frac{H8}{js7}$	$\frac{H8}{k7}$	$\frac{H8}{m7}$	$\frac{H8}{n7}$	$\frac{H8}{p7}$	$\frac{H8}{r7}$	$\frac{H8}{s7}$	$\frac{H8}{t7}$	$\frac{H8}{u7}$				
				$\frac{H8}{d8}$	$\frac{H8}{e8}$	$\frac{H8}{f8}$		$\frac{H8}{h8}$													

基准孔	轴																				
	a	b	c	d	e	f	g	h	js	k	m	n	p	r	s	t	u	v	x	y	z
	间隙配合								过渡配合				过盈配合								
H9			H9/c9	▼H9/d9	H9/e9	H9/f9		▼H9/h9													
H10			H10/c10	H10/d10				H10/h10													
H11	H11/a11	H11/b11	▼H11/c11	H11/d11				▼H11/h11													
H12		H12/b12						H12/h12													

注：1. $\dfrac{H6}{n5}$、$\dfrac{H7}{p6}$ 在公称尺寸小于或等于 3 mm 和 $\dfrac{H8}{r7}$ 在公称尺寸小于或等于 100 mm 时，为过渡配合。

2. 带 ▼ 的配合为优先配合。

表 2-5 基轴制优先、常用配合

基准轴	孔																				
	A	B	C	D	E	F	G	H	JS	K	M	N	P	R	S	T	U	V	X	Y	Z
	间隙配合								过渡配合				过盈配合								
h5						F6/h5	G6/h5	H6/h5	JS6/h5	K6/h5	M6/h5	N6/h5	P6/h5	R6/h5	S6/h5	T6/h5					
h6						F7/h6	▼G7/h6	▼H7/h6	JS7/h6	K7/h6	M7/h6	▼N7/h6	P7/h6	R7/h6	▼S7/h6	T7/h6	▼U7/h6				
h7					E8/h7	F8/h7		▼H8/h7	JS8/h7	K8/h7	M8/h7	N8/h7									
h8				▼D8/h8	E8/h8	F8/h8		H8/h8													
h9				D9/h9	E9/h9	F9/h9		▼H9/h9													
h10				D10/h10				H10/h10													
h11	A11/h11	B11/h11	▼C11/h11	D11/h11				H11/h11													
h12		B12/h12						H12/h12													

注：1. $\dfrac{H6}{n5}$、$\dfrac{H7}{p6}$ 在公称尺寸小于或等于 3 mm 和 $\dfrac{H8}{r7}$ 在公称尺寸小于或等于 100 mm 时，为过渡配合。

2. 带 ▼ 的配合为优先配合。

2.3.3 极限与配合代号的意义

表 2-6 列出了部分极限与配合代号的意义。

表 2-6   极限与配合代号的意义

实　例	含　义
$\phi 10 b6$	公称尺寸 $\phi 10$，公差等级 6 级，基本偏差是 b 的基孔制间隙配合的轴
$\phi 10 k8$	公称尺寸 $\phi 10$，公差等级 8 级，基本偏差是 k 的基孔制过渡配合的轴
$\phi 10 u6$	公称尺寸 $\phi 10$，公差等级 6 级，基本偏差是 u 的基孔制过盈配合的轴
$\phi 10 h7$	1. 公称尺寸 $\phi 10$，公差等级 7 级，基本偏差是 h 的基轴制的基准轴 2. 公称尺寸 $\phi 10$，公差等级 7 级，基本偏差是 h 的基孔制间隙配合的轴
$\phi 20 F7$	公称尺寸 $\phi 20$，公差等级 7 级，基本偏差是 F 的基轴制间隙配合的孔
$\phi 20 JS6$	公称尺寸 $\phi 20$，公差等级 6 级，基本偏差是 JS 的基轴制过渡配合的孔
$\phi 20 T8$	公称尺寸 $\phi 20$，公差等级 8 级，基本偏差是 T 的基轴制过盈配合的孔
$\phi 20 H5$	1. 公称尺寸 $\phi 20$，公差等级 5 级，基本偏差是 H 的基孔制的基准孔 2. 公称尺寸 $\phi 20$，公差等级 5 级，基本偏差是 H 的基轴制间隙配合的孔
$\phi 30 \dfrac{H7}{g6}$	公称尺寸 $\phi 30$，基孔制（分子是 H），公差等级孔是 7 级，轴是 6 级，基本偏差孔是 H，轴是 g 的间隙配合
$\phi 30 \dfrac{H7}{k6}$	公称尺寸 $\phi 30$，基孔制（分子是 H），公差等级孔是 7 级，轴是 6 级，基本偏差孔是 H，轴是 k 的过渡配合
$\phi 30 \dfrac{H7}{s6}$	公称尺寸 $\phi 30$，基孔制（分子是 H），公差等级孔是 7 级，轴是 6 级，基本偏差孔是 H，轴是 s 的过盈配合
$\phi 30 \dfrac{H11}{h11}$	1. 公称尺寸 $\phi 30$，基孔制（分子是 H），公差等级孔、轴各是 11 级，基本偏差孔是 H，轴是 h 的间隙配合 2. 公称尺寸 $\phi 30$，基轴制（分母是 h），公差等级孔、轴各是 11 级，基本偏差轴是 h，孔是 H 的间隙配合 3. 公称尺寸 $\phi 30$，公差等级孔、轴各是 11 级，基本偏差孔是 H，轴是 h 的基准件配合（间隙配合性质）
$\phi 40 \dfrac{D9}{h9}$	公称尺寸 $\phi 40$，基轴制（分母是 h），公差等级孔、轴各是 9 级，基本偏差轴是 h，孔是 D 的间隙配合
$\phi 40 \dfrac{M7}{h6}$	公称尺寸 $\phi 40$，基轴制（分母是 h），公差等级孔是 7 级，轴是 6 级，基本偏差轴是 h，孔是 M 的过渡配合
$\phi 40 \dfrac{U7}{h6}$	公称尺寸 $\phi 40$，基轴制（分母是 h），公差等级孔是 7 级，轴是 6 级，基本偏差轴是 i，孔是 U 的过盈配合

分析可知，识读尺寸公差带和配合代号的意义，有以下方法：

（1）配合性质的识别。当配合件与基准件相配合时，a～h（A～H）为间隙配合；j～n

（J～N）为过渡配合（优先配合系列中）；p～zc（P～ZC）为过盈配合。

（2）配合等级。精度高于 IT8 的孔与高一级的轴配合，如 $\dfrac{H7}{f6}$、$\dfrac{M7}{h6}$；精度低于 IT8 的孔与同级的轴配合，如 $\dfrac{H11}{h11}$、$\dfrac{D9}{h9}$；精度为 IT8 的孔可以和同级或高一级的轴配合，如 $\dfrac{H8}{f8}$、$\dfrac{H8}{g7}$。

（3）基准制的识别。基孔制的孔用 H 表示，基轴制的轴用 h 表示。因此，配合代号中分子是 H 的就是基孔制，如 $\dfrac{H8}{f8}$；分母是 h 的就是基轴制，如 $\dfrac{M7}{h6}$；如果分子和分母都是 H（h），如 $\dfrac{H11}{h11}$，此轴孔配合既是基孔制又是基轴制。此外，还有一种配合代号，分子和分母都不是 H（h），这是一种无基准配合，如 $\dfrac{M7}{f6}$，$\dfrac{K7}{g6}$。

2.3.4 极限偏差数值表

基本偏差决定公差带的位置，通过基本偏差数值表，可以确定靠近零线的那个偏差。标准公差决定公差带的大小，通过标准公差数值表，可以确定公差带的宽度。另一个极限偏差的数值，可由极限偏差和标准公差的关系式进行计算。

对于孔   ES＝EI＋IT   或   EI＝ES－IT

对于轴   es＝ei＋IT   或   ei＝es－IT

【例 2-7】查表确定 $\phi50H7$ 的极限偏差。

解： ① 由孔的基本偏差数值表 2-3 查得：基本偏差 H 是下极限偏差，且 EI＝0。

② 由标准公差数值表 2-1 查得：公称尺寸 $D=50$ mm 时，IT7＝25 μm＝0.025 mm。

③ 另一偏差为上极限偏差，根据公式

$$ES＝EI＋IT＝0＋0.025＝0.025（mm）$$

写成标准形式为 $\phi50^{+0.025}_{0}$ mm。

为了使用方便，国家标准制订了常用配合的孔和轴的极限偏差数值表，通过查表可以直接得到极限偏差数值，详见附录 A 和附录 B。

【例 2-8】试查表确定 $\phi25\dfrac{H8}{f7}$ 配合中孔、轴的极限偏差，并计算极限尺寸和公差，画出公差带图。判断配合类型，求出配合的极限间隙或极限过盈及配合公差。

解： ① 由附录 B 孔的极限偏差数值表查得：$\phi25H8$ 的极限偏差为（$^{+33}_{0}$）μm，即孔尺寸为 $\phi25^{+0.033}_{0}$ mm。

$$D_{max}＝D＋ES＝25＋0.033＝25.033（mm）$$

$$D_{min}＝D＋EI＝25＋0＝25（mm）$$

$$T_h＝|\,ES－EI\,|＝|\,0.033－0\,|＝0.033（mm）$$

② 由附录 A 轴的极限偏差数值表查得：$\phi25f7$ 的极限偏差为（$^{-20}_{-41}$）μm，即孔尺寸为 $\phi25^{-0.020}_{-0.041}$ mm。

$$d_{max}=d+es=25+(-0.020)=24.980 \text{ mm}$$

$$d_{min}=d+ei=25+(-0.041)=24.959 \text{ mm}$$

$$T_s=|es-ei|=|(-0.020)-(-0.041)|=0.021 \text{ mm}$$

③ 孔、轴公差带图如图 2-26 所示，此配合为间隙配合。

$$X_{max}=ES-ei=+0.033-(-0.041)=+0.074 \text{ mm}$$

$$X_{min}=EI-es=0-(-0.020)=+0.020 \text{ mm}$$

$$T_f=T_h+T_s=0.033+0.021=0.054 \text{ mm}$$

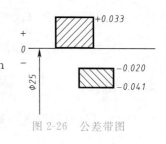

图 2-26　公差带图

2.4　极限与配合的选用

在机械制造过程中，正确选用极限与配合标准对提高产品质量、降低生产成本具有非常重要的意义。极限与配合的选用包括三个方面，即基准制、公差等级和配合的选用。

2.4.1　基准制的选用

1. 通常应优先选用基孔制

基准制有基孔制和基轴制两种，从满足配合性质的要求角度讲，它们是完全等效的。但轴比孔容易加工，而且加工孔所用的刀具、量具和规格也多一些，因此采用基孔制可大大减少尺寸、刀具和量具的品种和规格，从而降低成本，提高经济效益。

2. 基轴制的应用

在有些情况下可采用基轴制，如采用冷拔圆棒料作为精度要求不高的轴，由于这种棒料外圆的尺寸、形状相当准确，表面光洁，因而外圆不需另外加工就能满足配合要求，这时采用基轴制在技术上、经济上都是合理的。

3. 与标准件配合

与标准件配合时，配合制的选择通常依标准件而定。例如，滚动轴承是标准件，因此其内圈（孔）与台阶轴的配合采用基孔制，而其外圈（轴）与轴承座的配合采用基轴制，如图 2-27 所示。

4. 采用混合配合

如当机器上出现一个非基准孔（轴）和两个以上的轴（孔）要求组成不同性质的配合时，其中肯定至少有一个为混合配合。如图 2-28 所示，轴承座孔与轴承外径和端盖的配合。轴承外径与座孔的配合按规定为基轴制过渡配合，因而轴承座孔为非基准孔 $\phi52J7$；而轴承座孔与端盖凸缘之间应是较低精度的间隙配合，此时凸缘公差带必须置于轴承座孔公差带的下方，因而端盖凸缘为非基准轴 $\phi52f9$，所以轴承座孔与端盖凸缘的配合为混合配合。

2.4.2　公差等级的选用

公差等级的选用原则是：在满足零件使用要求的前提下，尽可能选择较低的公差等级。

公差等级越高，零件的精度越高，使用性能也越高，但加工难度大，生产成本高；公差等级越低，零件精度越低，使用性能也越低，但加工难度减小，生产成本降低。因而要同时考虑零件的使用要求和加工经济性能这两个因素，合理确定公差等级。

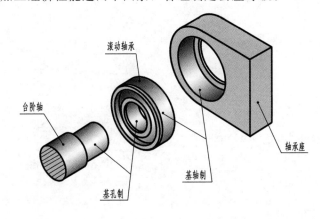

图 2-27　与滚动轴承配合的基准制选择

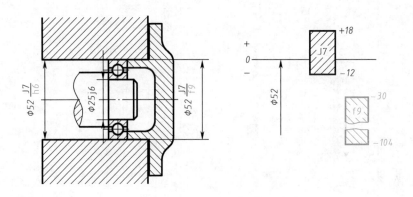

图 2-28　混合配合应用示例

在选用公差等级时，可参考国家标准推荐的公差等级的应用范围（见表 2-7），并参考各种加工方法所能达到的公差等级（见表 2-8）。

表 2-7　公差等级的应用

公差等级	主要应用实例
IT01～IT1	量块
IT1～IT7	量规
IT2～IT5	特别精密零件
IT5～IT12	配合尺寸
IT12～IT18	非配合尺寸
IT8～IT14	原材料尺寸

表 2-8　各种加工方法所能达到的公差等级

加工方法	公 差 等 级（IT）																			
	01	0	1	2	3	4	5	6	7	8	9	10	11	12	13	14	15	16	17	18
研 磨	—	—	—	—	—	—	—													
圆 磨							—	—	—	—										
平 磨							—	—	—	—										
拉 削							—	—	—	—										
铰 孔								—	—	—	—	—								
车									—	—	—	—	—							
镗									—	—	—	—	—							
铣										—	—	—	—							
刨、插												—	—							
钻 孔												—	—	—	—					
冲 压												—	—	—	—	—				
压 铸													—	—	—	—				
粉末冶金成型								—	—	—										
砂型铸造、气割																		—	—	—
锻 造																	—	—		

2.4.3　配合的选用

　　配合有间隙配合、过渡配合和过盈配合三种，选择哪一种配合类型，应根据孔、轴配合的使用要求而定，大体方向可参照表 2-9。

表 2-9　配合类别选择的方向

无相对运 动	要传递扭矩	要精确同轴	永久结合	过盈配合
			可拆结合	过渡配合或基本偏差为 H（h）的间隙配合加紧固件
		不要精确同轴		间隙配合加紧固件
	不需要传递扭矩			过渡配合或轻的过盈配合
有相对运 动	只有移动			基本偏差为 H（h）、G（g）等间隙配合
	转动或转动和移动的复合运动			基本偏差 A～F（a～f）等间隙配合

确定配合种类后，尽可能选用优先配合，其次是常用配合，再次是一般配合。如果仍不能满足要求，可选择其他配合。优先配合的配合特性及应用举例如表 2-10 所示。

表 2-10 公称尺寸≤500 mm 优先配合的配合特性

优先配合		配合特性及应用举例
基孔制	基轴制	
$\dfrac{H11}{c11}$	$\dfrac{C11}{h11}$	配合间隙非常大。用于很松的、转动很慢的配合；应用于要求大公差与大间隙的外露组件；也应用于要求装配方便的配合
$\dfrac{H9}{d9}$	$\dfrac{D9}{h9}$	间隙很大的自由转动配合。用于精度非主要要求时，或有大的温度变动，高转速或大的轴颈压力时
$\dfrac{H8}{f7}$	$\dfrac{F8}{h7}$	间隙不大的转动配合。用于中等转速与中等轴颈压力的精确转动；也用于装配较易的中等定位配合
$\dfrac{H7}{g6}$	$\dfrac{G7}{h6}$	间隙很小的滑动配合。用于不希望自由转动，但可以自由移动和滑动，并精密定位时；也可用于要求明确定位配合
$\dfrac{H7}{h6}$ $\dfrac{H8}{h7}$ $\dfrac{H9}{h9}$ $\dfrac{H11}{h11}$	$\dfrac{H7}{h6}$ $\dfrac{H8}{h7}$ $\dfrac{H9}{h9}$ $\dfrac{H11}{h11}$	均为间隙定位配合。零件可自由拆装，而工作时一般相对静止不动。在最大实体条件下的间隙为零；在最小实体条件下的间隙由公差等级决定
$\dfrac{H7}{k6}$	$\dfrac{K7}{h6}$	过渡配合。用于精密定位
$\dfrac{H7}{n6}$	$\dfrac{N7}{h6}$	过渡配合。允许有较大过盈的更精密定位
$\dfrac{H7}{p6}$	$\dfrac{P7}{h6}$	过盈定位配合，即小过盈配合。用于定位精度特别重要时，能以最好的定位精度达到部件的刚性及对中性要求，而对内孔承受压力无特殊要求，不依靠配合的紧固性传递摩擦载荷
$\dfrac{H7}{s6}$	$\dfrac{S7}{h6}$	中等压入配合。适用于一般钢件或用于薄壁件的冷缩配合；用于铸铁件可得到最紧的配合
$\dfrac{H7}{u6}$	$\dfrac{U7}{h6}$	压入配合。适用于可以承受最大压入力的零件，或不宜承受大压入力的冷缩配合

2.4.4　极限与配合应用举例

识读零件图和装配图，并理解图样上极限与配合表示的基本含义，是每个工程技术人员和技术工人必须具备的技能。

减速器是减速和传递扭矩的常用设备。下面以蜗杆减速器为例，说明极限与配合的选用方法。图 2-29 所示为蜗杆减速器的部分配合装置。

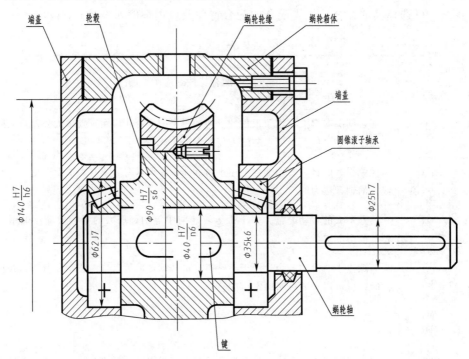

图 2-29　蜗杆减速器部分配合装置

1. 蜗轮轮缘与轮毂、蜗轮轴与轮毂的配合选用

减速器属于精密配合，故轴用 IT6、孔用 IT7。

蜗轮轮缘与轮毂、蜗轮轴与轮毂的配合均无相对运动，要求定心精度高，能传递动力。它们之间可选用过渡配合或小过盈配合加紧固件。确定采用基孔制。蜗轮轮缘与轮毂的配合，选用过盈配合，用螺钉紧固，轮毂选用 s6，其配合为 $\phi 90 \dfrac{\text{H7}}{\text{s6}}$。轮毂与蜗轮轴的配合，选用过渡配合，加键连接，轴用 n6，其配合为 $\phi 40 \dfrac{\text{H7}}{\text{n6}}$。

2. 轴承与蜗轮轴、轴承与端盖的配合选用

在轴的两端轴颈处（$\phi 35$）分别装有圆锥滚子轴承，轴承的外圈与两端的端盖配合。

轴承的内圈与轴颈的配合为基孔制，采用过渡配合，轴选 k6。因为轴承是标准件，所以在图上只标注轴的公差带代号 k6，而不标注孔的公差带代号，即只标 $\phi 35 k6$。轴承与端盖的配合为基轴制，端盖的孔选 J7（通常轴承外圈配合比内圈松一级），同样在图上只标注孔的公差带代号，即只标 $\phi 62 J7$。

3. 端盖与箱体的配合选用

端盖与箱体的配合，有较高的同轴度要求，以保证蜗杆与蜗轮的正确啮合。此外，为了方便装配和检修的拆卸，选用基孔制配合，其配合为 H7/h6。

2.5 线性尺寸的一般公差

构成零件的所有要素总是具有一定的尺寸和几何形状。由于尺寸误差和几何特征（形状、方向、位置）误差的存在，为保证零件的使用功能就必须对它们加以限制，否则将会损害其功能。因此，零件在图样上的所有要素都有一定的公差要求。在实际使用中，有些零件的某些部位在使用功能上无特殊要求时，则可给出一般公差。

2.5.1 一般公差的概念

一般公差是指在车间通常加工条件下可保证的公差。在正常维护和操作情况下，它代表经济加工精度。国家标准规定：采用一般公差的尺寸，在该尺寸后不需注出其极限偏差数值，而是在图样上、技术文件或技术标准中做出总的说明。

采用一般公差后，可简化制图，使图样清晰易读，并突出了标有公差要求的部位，以便在加工和检测时引起重视，还可简化零件上某些部位的检测。

一般公差主要用于较低精度的非配合尺寸和由工艺方法来保证的尺寸，如冲压件的一般公差由模具保证；短轴端面对轴线的垂直度，由机床的精度保证。

2.5.2 线性尺寸的一般公差

1. 公差等级与极限偏差数值

线性尺寸的一般公差规定了四个等级，即 f（精密级）、m（中等级）、c（粗糙级）和 v（最粗级）。线性尺寸的极限偏差数值如表 2-11 所示。

表 2-11 线性尺寸的极限偏差数值   单位：mm

公差等级	基本尺寸分段					
	>3~6	>6~30	>30~120	>120~400	>400~1 000	>1 000~2 000
精密 f	±0.05	±0.1	±0.15	±0.2	±0.3	±0.5
中等 m	±0.1	±0.2	±0.3	±0.5	±0.8	±1.2
粗糙 c	±0.3	±0.5	±0.8	±1.2	±2	±3
最粗 v	±0.5	±1	±1.5	±2.5	±4	±6

在确定图样上线性尺寸的未注公差时，应考虑车间的一般加工精度，选取标准规定的公差等级，在相应的技术文件或技术标准中做出具体规定。

2. 线性尺寸的一般公差的表示方法

国家标准规定，一般公差应在图样标题栏附近或技术要求、技术文件（如企业标准）中注出标准号及公差等级代号。例如，当一般公差选用中等级时，标注为 GB/T 1804－m，其中 GB/T 1804 为标准号，m 为公差等级代号。

小　结

本章主要介绍了国家标准对光滑圆柱体的极限与配合标准的基本规定。同学们在学习完本章内容后，第一，可建立尺寸公差和公差带的概念；第二，了解孔和轴形成的各种配合性质；第三，了解图样上标注的尺寸公差带和配合公差带的意义。

学习本章的关键是掌握各种基本术语与定义，了解国家标准的相关规定。在学习中，同学们应结合机械制图中的知识，通过图样上的尺寸标注，了解零件在加工、装配、使用性能等方面的要求。如图样上标注尺寸 ϕ35f6，可以分析得知：标注所指的尺寸是一个轴，且具有较高的精度；为保证精度，加工的最后一道工序需要进行磨削；这根轴可以与基准孔配合，形成基孔制间隙配合，用于有相对运动要求的场合。这样既复习了原有的知识，也为后续知识奠定了专业基础。

复习与思考

一、填空题

1. 零件的尺寸合格，其实际尺寸应在_____尺寸和_____尺寸之间，实际偏差应在_____极限偏差和_____极限偏差之间。

2. 在公差带图中，表示公称尺寸的一条直线称为_____。在此线以上的偏差为_____，在此线以下的偏差为_____。

3. 尺寸公差是允许尺寸的_____，是绝对值的概念，因此公差值_____。

4. 孔和轴的公差带由_____决定大小，由_____决定位置。

5. 公称尺寸相同、相互结合的孔和轴_____之间的关系，称为配合。配合分_____、_____和_____三种。

6. 配合的性质可根据相配合的孔、轴公差带的相对位置来判别，孔的公差带在轴的公差带之_____时为间隙配合，孔的公差带与轴的公差带相互_____时为过渡配合，孔的公差带在轴的公差带之_____时为过盈配合。

7. 公差等级是确定尺寸_____的等级。国家标准规定标准公差等级共有_____级，其中_____精度最高，_____精度最低。

8. 公称尺寸相同，公差等级越高，公差值_____。同一公差等级，公称尺寸（不同的尺寸段）越大，公差值_____。

9. 同一尺寸段内的不同公称尺寸，公差等级相同，其标准公差值_____。

10. $\phi45^{+0.025}_{0}$ mm 孔的基本偏差数值为_____ mm，$\phi50^{-0.050}_{-0.112}$ mm 轴的基本偏差数值为_____ mm。

11. 查表计算，孔 $\phi65^{-0.041}_{-0.087}$ mm 公差等级为_____，基本偏差代号为_____。

12. $\phi30^{+0.021}_{0}$ mm 的孔和 $\phi30^{-0.007}_{-0.020}$ mm 的轴配合，属于_____制_____配合。

13. $\phi30^{+0.012}_{-0.009}$ mm 的孔和 $\phi30^{0}_{-0.013}$ mm 的轴配合，属于_____制_____配合。

14. 配合制分为_____和_____两种，一般情况下优先选用_____。

15. 代号 H 与 h 的基本偏差数值为_____，其中 H 表示_____，h 表示_____。

16. 公称尺寸 60 mm，公差等级为 7 级，基本偏差代号为 n 的基孔制过渡配合的轴，其代号写成_____。

17. 公称尺寸 60 mm，公差等级为 8 级的基准孔，其代号写成_____。

18. $\phi 35 \dfrac{\text{H7}}{\text{m6}}$ 中分数表示_____代号，分母是_____代号，分子是_____代号，此配合为基_____制_____配合。

19. 某孔、轴的配合代号为 $\phi 30 \dfrac{\text{N8} \binom{-0.003}{-0.036}}{\text{h7} \binom{0}{-0.021}}$，分析填空：

(1) 孔的基本偏差是_____ mm，轴的基本偏差是_____ mm。

(2) 孔公差为_____ mm，轴公差为_____ mm，配合公差为_____ mm。

(3) 配合制为基_____制，配合性质是_____配合。

20. 滚动轴承与轴的配合采用_____制，与轴承座孔的配合采用_____制。

21. 线性尺寸的一般公差规定了四个等级，即_____、_____、_____和_____。

二、判断题

1. 通过实际精确测量所得的实际尺寸即为真实尺寸。　　　　　　　　　　　　（　　）

2. 某零件的实际尺寸正好等于公称尺寸，则该尺寸必定合格。　　　　　　　（　　）

3. 由于上极限偏差一定大于下极限偏差，所以上极限偏差为正值，下极限偏差为负值。
　　　　　　　　　　　　　　　　　　　　　　　　　　　　　　　　　　（　　）

4. 公差带的大小反映了零件加工的难易程度。　　　　　　　　　　　　　　（　　）

5. 在尺寸公差带图中，零线以上为上极限偏差，零线以下为下极限偏差。　　（　　）

6. 只要孔和轴装配在一起，就必然形成配合。　　　　　　　　　　　　　　（　　）

7. 凡在配合中出现间隙的，其配合性质一定属于间隙配合。　　　　　　　　（　　）

8. 过渡配合中可能有间隙，也可能有过盈。因此，过渡配合可以算是间隙配合，也可以算是过盈配合。　　　　　　　　　　　　　　　　　　　　　　　　　　　（　　）

9. 最小间隙等于零的配合与最小过盈等于零的配合二者实质相同。　　　　　（　　）

10. 孔和轴的加工精度越高，则其配合精度就越高。　　　　　　　　　　　　（　　）

11. 标准公差的数值与公差等级有关，而与公称尺寸无关。　　　　　　　　　（　　）

12. 由于基本偏差为靠近零线的那个偏差，因而一般以数值小的那个偏差作为基本偏差。　　　　　　　　　　　　　　　　　　　　　　　　　　　　　　　　（　　）

13. 若已知 $\phi 30\text{f7}$ 的基本偏差为 -0.020 mm，则 $\phi 30\text{F7}$ 的基本偏差一定是 +0.020。
　　　　　　　　　　　　　　　　　　　　　　　　　　　　　　　　　　（　　）

14. 优先选用基孔制配合的原因在于加工孔比加工轴更容易。　　　　　　　　（　　）

15. 未注公差尺寸就是对该尺寸无公差要求。　　　　　　　　　　　　　　　（　　）

三、选择题

1. 公称尺寸是_____。

A. 测量时得到的　　　　　　　　　　B. 加工时得到的

C. 装配后得到的　　　　　　　　　　D. 设计时给定的

2. 上极限尺寸_____公称尺寸。

A. 大于 　　　　　　　　　　　　　B. 小于

C. 等于 　　　　　　　　　　　　　D. 大于、小于或等于

3. 某尺寸的实际偏差为零，则实际尺寸_____。

A. 必定合格 　　　　　　　　　　　B. 为零件的真实尺寸

C. 等于公称尺寸 　　　　　　　　　D. 等于下极限尺寸

4. 当上极限偏差或下极限偏差为零时，在图样上_____。

A. 必须标出零值 　　　　　　　　　B. 不用标出零值

C. 标与不标均可 　　　　　　　　　D. 视情况而定

5. 关于尺寸公差，下列说法中正确的是_____。

A. 尺寸公差只能大于零，故公差值前应标"＋"号

B. 尺寸公差是用绝对值定义的，只有大小，没有正负，公差值前不加"＋"号

C. 尺寸公差不能为负值，但可为零

D. 尺寸公差为允许尺寸变动范围的界限值

6. 关于偏差与公差之间的关系，下列说法中正确的是_____。

A. 上极限偏差越大，公差越大

B. 实际偏差越大，公差越大

C. 下极限偏差越大，公差越大

D. 上、下极限偏差之差的绝对值越大，公差越大

7. 下列_____形成最大间隙。

A. 实际尺寸的轴和实际尺寸的孔 　　B. 最大尺寸的轴和最大尺寸的孔

C. 最小尺寸的轴和最大尺寸的孔 　　D. 实际尺寸的轴和最小尺寸的孔

8. 当孔的下极限偏差大于相配合的轴的上极限偏差时，此配合性质是_____。

A. 间隙配合 　　　　　　　　　　　B. 过渡配合

C. 过盈配合 　　　　　　　　　　　D. 无法确定

9. 配合的松紧程度取决于_____。

A. 公称尺寸 　　　　　　　　　　　B. 极限尺寸

C. 基本偏差 　　　　　　　　　　　D. 标准公差

10. $\phi48H8$ 的公差等级_____ $\phi48h8$ 的公差等级。$\phi250F5$ 的公差值_____ $\phi250F5$ 的公差值。

A. 高于 　　　　　　　　　B. 低于 　　　　　　　　C. 大于

D. 小于 　　　　　　　　　E. 等于

11. $\phi20^{+0.033}_{0}$ mm 的精确程度比 $\phi20^{+0.072}_{0}$ mm 的精确程度_____。

A. 高 　　　　　　　　　　　　　　B. 低

C. 相同 　　　　　　　　　　　　　D. 无法比较

12. $\phi20f6$、$\phi20f7$、$\phi20f8$ 三个公差带_____。

A. 上、下极限偏差相同 　　　　　　B. 上极限偏差相同、但下极限偏差不相同

C. 上、下极限偏差都不同 　　　　　D. 上极限偏差不相同、但下极限偏差相同

13. 下列孔与基准轴配合，组成间隙配合的孔是_____。

A. 孔的上、下极限偏差均为正值　　B. 孔的上极限偏差为正、下极限偏差为负

C. 孔的上、下极限偏差均为负值　　D. 孔的上极限偏差为零、下极限偏差为负

四、简答题

1. 孔和轴在加工中有什么特点？

2. 什么是尺寸偏差？极限偏差如何分类？各用什么符号表示？

3. 什么是尺寸公差？尺寸公差与极限偏差之间有何关系？试写出计算关系式。

4. 什么是尺寸公差带？试绘制孔 $\phi70^{+0.030}_{0}$，轴 $\phi70^{-0.025}_{-0.050}$ 的公差带图。

5. 配合有哪几种形式？孔、轴的公差带的相互位置有何特点？

6. 什么是配合公差？配合公差与相配孔、轴的公差有什么关系？

五、综合应用

1. 下列尺寸标注是否正确？如有错，请改正。

(1) $\phi20^{+0.015}_{+0.021}$ 　　(2) $\phi30^{+0.033}_{0}$ 　　(3) $\phi35^{-0.025}_{0}$ 　　(4) $\phi50^{-0.041}_{-0.025}$

(5) $\phi70^{+0.046}$ 　　(6) $\phi45^{+0.042}_{+0.017}$ 　　(7) $\phi25^{-0.052}$ 　　(8) $\phi25^{-0.008}_{+0.013}$

2. 计算表 2-12 中空格处数值，并按规定填写在表中。

表 2-12 题表　　　　　　　　　　　　单位：mm

公称尺寸	上极限尺寸	下极限尺寸	上极限偏差	下极限偏差	公差	尺寸标注
孔 $\phi12$	12.050	12.032				
孔 $\phi30$		29.959			0.021	
轴 $\phi80$			-0.010	-0.056		
孔 $\phi50$				-0.034	0.039	
轴 $\phi60$			+0.072		0.019	
孔 $\phi40$						$\phi40^{+0.014}_{-0.011}$
轴 $\phi70$	69.970				0.074	

3. 计算轴 $\phi60^{+0.018}_{-0.012}$ mm 的极限尺寸，若该轴加工后测得实际尺寸为 $\phi60.012$ mm，试判断该零件尺寸是否合格。

4. 有一孔、轴配合，孔 $\phi70^{+0.025}_{0}$，轴 $\phi70^{-0.030}_{-0.076}$，试：

(1) 画出尺寸公差带图，并判断其配合性质。

(2) 计算极限间隙或过盈，并标注在公差带图上。

5. 有一孔、轴的配合，孔 $\phi120^{+0.035}_{0}$，轴 $\phi120^{+0.091}_{-0.037}$，试计算 Y_{max}、Y_{min}、T_f 和平均值。

6. 有一孔、轴的配合，孔 $\phi50^{+0.023}_{0}$，轴 $\phi50^{+0.010}_{-0.012}$，试计算 X_{max}、Y_{max}、T_f 和平均值。

第3章 技术测量基础

📝 **学习目标**

1. 知道技术测量的基本要求。
2. 认识常用的量具和测量仪。
3. 会选用测量器具并正确操作、准确读数。

在机械制造中，不仅需要对几何参数规定合理的公差，而且还要在加工中进行正确地测量或检验，只有测量或检验合格的零件，才具有互换性。

技术测量就是通过对零件的几何参数进行测量或检验，以判断零件是否合格。所谓测量就是用测量器具确定被测零件的数值，如使用游标卡尺测量孔的直径大小；所谓检验就是确定被测零件是否在极限范围内而不需要得出具体数值，如生产中常用光滑极限量规验收孔、轴类零件。

技术测量的基本要求是：合理选用测量器具和测量方法，保证测量精度，实现高效率、低成本测量，积极采取预防措施，避免废品产生。

知识拓展

技术测量的发展大大提高了机械加工精度。例如有了比较仪，才使加工精度达到 $1~\mu m$；由于光栅、磁栅、感应同步器用作传感器以及激光干涉仪的出现，才使加工精度达到了 $0.01~\mu m$ 的水平。随着机械工业的发展，数字显示与微型计算机进入了技术测量的领域，测量技术的应用，提高了读数精度与可靠性；计算机主要用于测量数据的处理，计算机和测量仪器的联用实现了自动测量，同时将测量结果用于控制加工工艺，从而使测量、加工合二为一，组成工艺系统的整体。

3.1 测量的基础知识

几何参数的测量包括长度、角度、几何公差和表面粗糙度。一次完整的测量，首先应明确测量对象，然后选择合理的测量器具，制订正确的测量方法，记录测量得到的数值，最后分析测量精度。

3.1.1 长度单位

国际单位制中的基本长度单位是米（m），机械制造业中通常以毫米（mm）为计量长度单位，在技术测量中也常用到微米（μm）。三者的换算关系如下：

$$1~m = 1~000~mm；1~mm = 1~000~\mu m$$

米制始于法国。1889 年第一届国家标准计量大会上批准了米原器，并规定 1 米的定义为：在标准大气压和 0℃时，国际米原器上两条规定刻线间的距离。国际米原器用铂铱合金制成，存放在巴黎国际计量局，各参加国复制副原器作为国家基准原器。1983 年 10 月第十七届国际计量大会上又通过了米的新定义：1 米是光在真空中，在 1/299 792 058 s 时间间隔内行程的长度。同时规定由激光辐射来复现，这是又一次将米的定义从建立在自然基准上改为建立在基本物理常数（光速）上的重大变革，为进一步提高长度基准的复现准确度展示了广阔的前景。目前，我国已正式使用波长为 0.633 μm 稳频氦氖激光等辐射线波长作为国家长度基准。

3.1.2 测量器具的分类

测量器具根据特点和结构不同，可分为标准量具和通用量具（量仪）两大类。

（1）标准量具。测量中用作标准的量具，包括量块、角度量块等。

（2）通用量具（量仪）。具有刻度，能测量一定范围内的任一值，可确定被测工件的具体数值的量具（量仪）。一般分为以下几种：

① 固定刻线量具：如钢直尺等。

② 游标量具：如游标卡尺等。

③ 螺旋测微量具：如外径千分尺等。

④ 机械式量仪：如百分表等。

⑤ 光学量仪：如光学比较仪等;

⑥ 气动量仪：如水柱式气动量仪等。

⑦ 电动量仪：如光电式量仪等。

下图为各种测量器具。

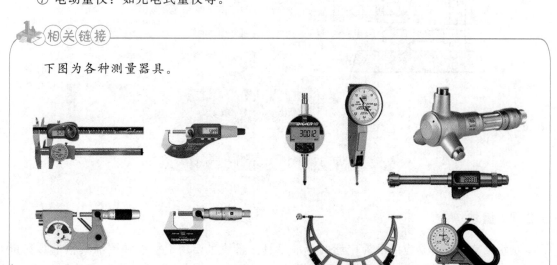

3.1.3 测量器具的技术参数

测量器具的技术参数是选择和使用器具时的依据，主要参数如图 3-1 所示。

（1）分度值：测量器具刻度尺或刻度盘上最小一格所代表的量值，表盘上的分度值是 1 μm。一般来说，分度值越小，测量器具的精度越高。

（2）测量范围：测量器具所能测量尺寸的最大值和最小值，仪器的测量范围是 0～180 mm。

（3）示值范围：测量器具刻度尺或刻度盘上全部刻度所代表的范围，标尺的示值范围是 −15～15 μm。有些测量器具的测量范围和示值范围是相同的，如游标卡尺和千分尺。

（4）示值误差：指测量器具的指示值与被测尺寸真值之差。示值误差是由器具本身的因素造成的，可通过校验测得。

（5）校正值：为消除示值误差引起测量误差，在测量结果中加一个与示值误差符号相反的量值，称为校正值。

（6）灵敏度：测量器具对被测量微小变化的反应能力。一般来说，分度值越小，灵敏度越高。

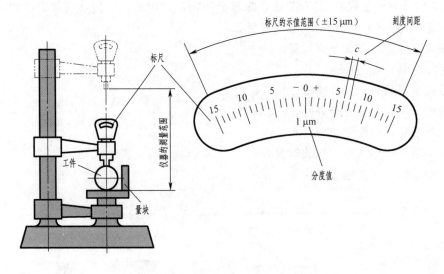

图 3-1　测量器具的技术参数

3.2　常用长度量具与量仪

3.2.1　量块

量块又称块规，是应用最为广泛的标准量具。量块主要用于检查和校准其他量具和量仪，相对测量时可以用来调整量具或量仪的零位，也可用于精密测量、精密划线或精密机床的调整。

1. 量块的结构与特点

量块的结构很简单，通常制成长方体，两个精密加工的平行面为测量面，两测量面之间的距离为量块的公称尺寸。如图 3-2 所示，两量块的公称尺寸分别为 20 mm 和 4 mm。用少许压力推合两量块，使它们的测量面互相紧密接触，两量块就能研合在一起。利用量块的这种研合性，便能将不同尺寸的量块组合成需要的各种尺寸。

在实际生产中，量块是成套使用的。每套量块由一定数量的不同尺寸的量块组成。表 3-1 列出了常用成套量块的块数和尺寸。

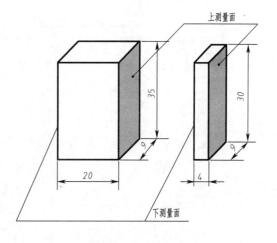

图 3-2　量块

相关链接

量块又称块规，是无刻度的端面量具，用耐磨材料（一般为 CrWMn 钢）制成，硬度高，尺寸稳定性好，量块广泛用来检定和校准量具、量仪；或用于机械加工中的精密划线和精密机床的调整。

表 3-1　常用成套量块的块数和尺寸

套别	总块数	级别	尺寸系列/mm	间隔/mm	块数
1	91	0.1	0.5	—	1
			1	—	1
			1.001, 1.002, …, 1.009	0.001	9
			1.01, 1.02, …, 1.49	0.01	49
			1.5, 1.6, …, 1.9	0.1	5
			2.0, 2.5, …, 9.5	0.5	16
			10, 20, …, 100	10	10

套别	总块数	级别	尺寸系列/mm	间隔/mm	块数
2	83	0, 1, 2	0.5	—	1
			1	—	1
			1.005	—	1
			1.01, 1.02, …, 1.49	0.01	49
			1.5, 1.6, …, 1.9	0.1	5
			2.0, 2.5, …, 9.5	0.5	16
			10, 20, …, 100	10	10
3	46	0, 1, 2	1	—	1
			1.001, 1.002, …, 1.009	0.001	9
			1.01, 1.02, …, 1.09	0.01	9
			1.1, 1.2, …, 1.9	0.1	9
			2, 3, …, 9	1	8
			10, 20, …, 100	10	10

2. 量块组的选取

将量块组合成一定尺寸时，为了减少误差，应尽量减少选用的块数，一般不超过 4 块。具体方法是：从所需组合尺寸的最后一位数开始，每选一块量块应使尺寸的位数减少 1～2 位，以此类推。例如，从 83 块一套的量块中选取尺寸为 36.745 mm 的量块组，选取方法为：

$$36.745 \cdots\cdots \text{所需尺寸}$$
$$-\quad 1.005 \cdots\cdots \text{第一块量块尺寸}$$
$$35.74$$
$$-\quad 1.24 \cdots\cdots \text{第二块量块尺寸}$$
$$34.5$$
$$-\quad 4.5 \cdots\cdots\cdots \text{第三块量块尺寸}$$
$$30.0 \cdots\cdots\cdots \text{第四块量块尺寸}$$

3.2.2　游标量具

游标量具是应用较为广泛的通用量具，具有结构简单、使用方便、测量范围大等特点。游标量具是利用游标原理进行读数的，常用的游标量具有：游标卡尺、高度游标尺、深度游标尺等。

1. 游标卡尺的结构

游标卡尺的结构如图 3-3 所示，它主要由主尺和游标组成。游标卡尺上端的内测量爪可以测量孔尺寸等内表面尺寸，下端的外测量爪可以测量轴尺寸、长度等外表面尺寸。

2. 游标卡尺的读数原理与方法

游标卡尺的分度值（测量精度）分为 0.10 mm、0.02 mm、0.05 mm 三种，其中 0.02 mm

的游标卡尺应用广泛。本书以 0.02 mm 的游标卡尺为例，介绍其读数原理。主尺每格宽度 1 mm，当主尺与游标零线对齐时，游标上有 50 格，其长度正好等于主尺上的 49 mm，因此游标的每格宽度 49/50＝0.98 mm。这样，主尺与游标每格相差 1－0.98＝0.02 mm，因此游标的分度值是 0.02 mm。

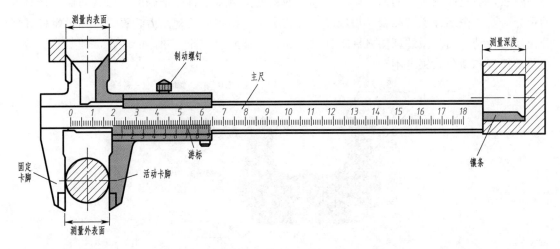

图 3-3　游标卡尺的结构

游标卡尺的读数方法可以分为三步：

（1）先读整数。在主尺上读出位于游标零线左边的刻线数值，为测得尺寸的整数部分；

（2）再读小数。找出与主尺刻线对齐的游标刻线，该刻线所代表的格数 n 与 0.02（分度值）的乘积，为测得尺寸的小数部分；

（3）整合结果。把整数部分与小数部分相加，即为测量所得的尺寸，如图 3-4 所示读数为 32.46。

3. 游标卡尺的使用

游标卡尺是一种中等精度的量具，常用于中等精度的测量和检验。使用前，将卡尺的测量爪合拢，观察测量爪末端的两刃口之间是否严密；然后检查游标的零线是否与主尺零线对齐；最后观察游标在尺身的滑动是否灵活自如。测量时，右手握住游标卡尺，大拇指推动游标，使待测零件于两测量爪之间。当零件与测量爪紧紧相贴，保持测量面与被测直径垂直或与被测面平行接触，即可进行读数。

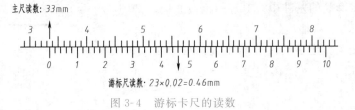

图 3-4　游标卡尺的读数

3.2.3　螺旋测微量具

螺旋测微量具是一种较为精密的量具，它是利用螺旋副测微的原理进行测量和读数的。螺旋测微量具结构形式多样，常用的螺旋测微量具有：外径千分尺、内径千分尺、深度千分尺等。本书仅介绍应用最为广泛的外径千分尺。

1. 外径千分尺的结构

常用的外径千分尺（简称千分尺）如图 3-5 所示。它主要由尺架、测微装置、测力装置和锁紧装置等组成。尺架的一端装有固定量砧，另一端装有测微螺杆，尺架的两侧面上覆盖有绝热板，防止使用时手的温度影响千分尺的精度。测微装置由带刻度的固定套筒、带刻度的微分筒及测微螺杆紧密配合，组成高精度的螺旋副结构。转动测力装置时，测微螺杆和微分筒随之转动。当测微螺杆接触到工件时，测力装置发出"咔、咔"的声音。锁紧装置可以将测微螺杆和微分筒锁定不动。

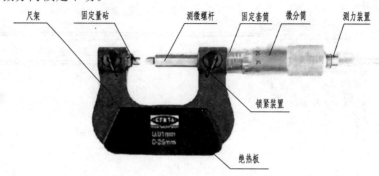

图 3-5　外径千分尺的结构

2. 外径千分尺的读数原理与方法

千分尺的分度值（测量精度）是 0.01 mm。当微分筒旋转一周，带动测微螺杆沿固定套筒轴向移动 0.5 mm，微分筒上的刻度是 50 格，即微分筒上转过一格，测微螺杆沿轴向移动 0.5/50＝0.01 mm。千分尺的分度值为 0.01，即精确到百分之一，由于在读数时可以估读到千分位，所以习惯称之为千分尺。

千分尺的读数方法可以分为三步：

（1）先读整数（半刻度）。在固定套筒上读整数（包括半刻度），即固定套筒基准中线与微分筒边缘靠近的刻线数值。中线上下均有刻线且相差半格，其中标有单位的一边为整数刻线，另一边为半刻度线。图 3-6 所示整数刻度为 5.5 mm。

（2）再读小数。在微分筒上读出小于 0.5 mm 的小数，即微分筒与固定套筒的基准中线对齐的刻线数值。如图 3-6 所示小数刻度为 0.164（估读到千分位）。

（3）整合结果。把整数部分与小数部分相加，即为测量所得的尺寸，如图 3-6 所示读数为 5.5＋0.164＝5.664 mm。

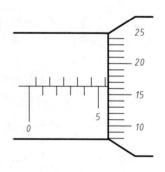

图 3-6　千分尺的读数方法

3. 外径千分尺的使用

千分尺是一种测量精度较高的通用量具，用来测量零件的各种外形尺寸。使用前，应先检查微分筒零线是否与固定套筒的基准中线对齐，如有零位偏差，应进行调整或在测量结果中予以修正。测量时，应保持测微螺杆的轴线垂直于零件被测表面。转动微分筒，待测微螺杆的测量面接近零件表面时，改为转动测力装置，直到听到"咔、咔"声即停止转动，以控制测量力的大小。此时绝对不能再转动微分筒，以免测量力过大损坏螺纹传动副。读数时扳动锁紧装置，可以固定微分筒位置以防止尺寸变动。

3.2.4　机械式量仪

机械式量仪是利用机械结构将被测工件的尺寸数值放大，并通过读数装置表示出来的一种测量器具。机械式量仪应用广泛，主要用于长度的相对测量和表面几何误差的测量等。根据结构和用途不同，机械式量仪主要有：百分表、内径百分表、杠杆百分表等。

1. 百分表

百分表是应用最广的机械量仪，其结构如图 3-7 所示，它主要由表体部分、传动系统、读数装置组成。当测量杆上下移动时，通过百分表内部的齿轮传动装置，将其微小位移放大并转变为指针的偏转，并在刻度盘上显示相应的示值。刻度盘可以转动，便于相对测量时指针与零刻线对齐，即调零。

百分表的分度值（测量精度）是 0.01 mm。测量杆移动 1 mm，大指针沿大刻度盘转过一圈。大刻度盘上共有 100 个等分格，即当指针偏转一格，测量杆移动的距离为 1/100＝0.01 mm。

百分表的读数方法是：在小刻度盘上读出小指针的示值为整数，在大刻度盘上读出大指针的示值为小数，两个数值相加就是被测尺寸。

百分表主要用于测量长度尺寸、几何误差，检验机床几何精度等，是机械加工中不可缺少的量具。使用前，应先检查测量杆移动是否灵活，指针的平稳性和稳定性等。测量时百分表可装在相应的表座上，测量头与被测表面接触时应预先压缩 0.3～1 mm，以保持一定的初始测力。测量平面时，测量杆与被测零件表面垂直；测量圆柱工件时，测量杆的轴线应与工件直径方向一致并垂直于工件的轴线。

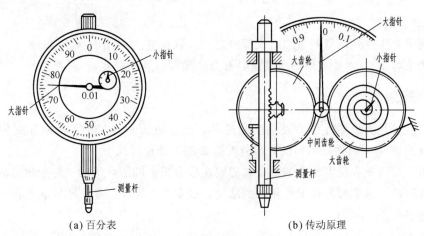

(a) 百分表　　　　　　　　　　(b) 传动原理

图 3-7　百分表

工厂生产过程中还经常使用一种精度为 0.001 mm 的千分表，其结构和使用方法与百分表相似，主要用于测量精度更高的零件。

2. 内径百分表

内径百分表是用于测量深孔的百分表，它由百分表和表架等组成，结构如图 3-8 所示。百分表的测量杆与传动杆始终接触，并经杠杆向外顶着活动测头。测量时，活动测头的移动经杠杆传动后推动百分表的测量杆，使百分表指针偏转。当活动测头移动 1 mm 时，推动百分表指针偏转一圈，因此百分表的指示数值即为活动测头的移动量。

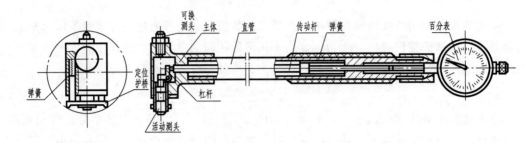

图 3-8　内径百分表

内径百分表中的定位护桥起找正直径位置的作用，它保证了活动测头和可换测头的轴线位于被测孔的直径位置。

内径百分表是采用相对测量法测量孔径的。测量前，根据被测孔的尺寸选择相应的可换测头，并用千分尺调整百分表的零位（标准尺寸）。测量中，在孔的轴线方向微微摆动直杆，百分表的指针随之偏转，指针转折点的指示值即为被测孔尺寸与标准尺寸的偏差。所以，被测孔的实际尺寸等于标准尺寸与百分表偏差的代数值。当指针正好指在零刻线上，说明偏差为零，被测孔尺寸与标准尺寸相等；当指针位于零刻线的顺时针方向时，表示被测孔小于标准尺寸；反之，则被测孔大于标准尺寸。

3.3　常用的角度量具与测量方法

角度测量是零件几何量测量的组成部分之一，在图样上常用度（°）和分（′）表示，它们的换算关系为 $1° = 60′$。常用的角度量具有万能角度尺和正弦规。

3.3.1　万能角度尺

万能角度尺是测量零件内、外角度的量具，测量范围 0°～320°，根据分度值（测量精度）不同分为 2′ 和 5′ 两种，本书仅介绍分度值 2′ 的万能角度尺。

万能角度尺由刻有角度刻线的主尺和固定在扇形板上的游标组成。游标和扇形板可以在主尺上回转运动，形成和游标卡尺相似的结构，如图 3-9 所示。直角尺与扇形板、直尺和直角尺分别通过两个支架固定。

万能角度尺是根据游标原理制成的。主尺每格 1°，游标的总弧长 29°，游标上均匀等分为 30 格，即每格的夹角是 $29°/30 = 58′$，因此主尺与游标之间每一小格之差为 $1° - 58′ = 2′$，即万能角度尺的分度值为 2′。万能角度尺的读数方法和游标卡尺相似，先从主尺上读出游标零刻线前的整数，即"度"的数值；再从游标上读出小数，即"分"的数值，然后两者相加，就是被测角度的数值。万能角度尺的直角尺和直尺可以移动和拆换，从而测量 0°～320° 之间的不同数值，如图 3-10 所示。

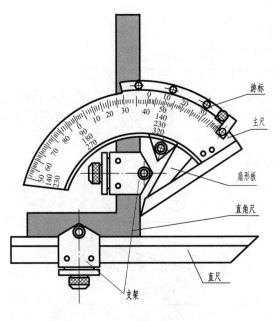

图 3-9　万能角度尺

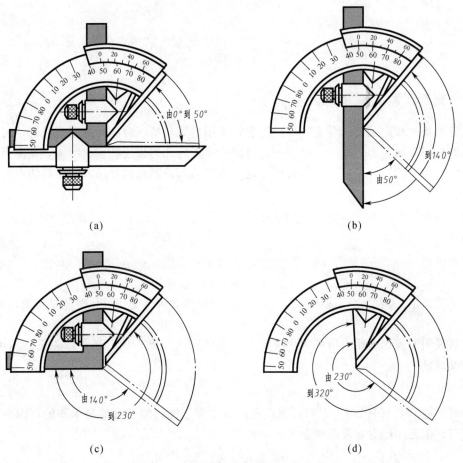

(a)

(b)

(c)

(d)

图 3-10　万能角度尺的测量范围

3.3.2 正弦规

正弦规是测量锥度的常用量具。

使用正弦规检测圆锥体的锥角 α 时，应先使用公式 $h = L \cdot \sin\alpha$，计算出量块组的高度尺寸。测量方法如图 3-11 所示，如果测量角正好等于锥角，则指针在 a、b 两点指示值相同；如果被测锥度有误差 ΔK，则 a、b 两点必有差值 n，n 与被测长度的比值就是锥度误差，即 $\Delta K = \dfrac{n}{L}$。

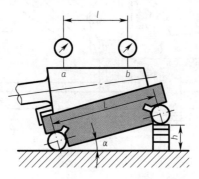

图 3-11　用正弦规则测量锥角

3.4　测　量　误　差

3.4.1　测量误差的基本概念

任何测量过程，无论测量方法如何正确，采用的量具精度再高，其测得值都不可能是被测要素的几何真值。即使在同一条件下，对同一要素的几何量连续多次测量，其测得的结果也不一定都完全相同，只能与真值近似。这种测量值与被测几何量的真值之间的差值称为测量误差。

测量误差常采用以下两种指标来评定：

1. 绝对误差（δ）

绝对误差（δ）是测量值（x）与被测量（约定）真值（x_0）之差，即

$$\delta = x - x_0 \tag{3-1}$$

由于测量值 x 可能大于或小于真值 x_0，所以误差 δ 可能是正值也可能是负值，即

$$x_0 = x \pm \delta \tag{3-2}$$

上式说明测量误差绝对值的大小决定了测量的精确程度。误差越小，测量的精度越高，反之精度越低。

2. 相对误差（f）

相对误差（f）是绝对误差与被测几何量的真值之比。由于真值是未知的，因此相对误差又可以近似地用绝对误差与测量值之比表示，即

$$f = \frac{|\delta|}{x_0} \approx \frac{|\delta|}{x} \tag{3-3}$$

相对误差是一个没有单位的数值，通常用百分数（%）表示。

绝对误差可以直观地反映测量精度，但当被测要素的几何量不同时，则采用相对误差来评定测量精度。例如：有两个测量值 $x_1 = 1\,000$ mm，$x_2 = 100$ mm，两者测量的绝对误差分别为 $\delta_1 = 0.05$ mm，$\delta_2 = 0.01$ mm。此时绝对误差无法评定测量精度，用相对误差表示为

$$f_1 = \frac{0.05}{1000} \times 100\% = 0.005\%$$

$$f_2 = \frac{0.01}{100} \times 100\% = 0.01\%$$

显然前者的测量精度更高。

3.4.2 误差产生的原因

在实际测量中，产生测量误差的原因很多，归纳起来主要有以下几个方面。

1. 测量器具误差

任何测量器具在设计、制造和使用中都不可避免地产生误差，这些误差综合反映在测量器具的示值误差和测量时示值的变化上，从而直接影响测量精度。

2. 测量方法误差

测量方法误差是指采用的方法不当，或测量方法不完善引起的误差。例如，在接触测量中，由于测量力引起测量器具和被测零件表面变形而产生的误差。

3. 环境误差

环境误差是由于测量环境不符合规定引起的误差。测量环境包括：温度、湿度、气压、振动等因素，其中以温度的影响最大。

4. 人员误差

人员误差是指由于测量人员主观因素和操作技术所引起的误差。例如，测量人员使用器具不正确、估读判断错误等引起的误差。

总之，产生误差的因素很多，有些误差是不可避免的，但有些是可以避免的。因此，测量者应对一些可能产生测量误差的原因进行分析，掌握其影响规律，设法消除或减小其对测量结果的影响，保证测量精度。

3.4.3 测量误差的分类

根据测量误差的特点和性质，可将误差分为系统误差、随机误差和粗大误差三类。

1. 系统误差

系统误差是指在相同的测量条件下，多次测量同一值时，误差的大小和符号保持恒定，如使用千分尺测量时器具的示值误差，或误差的大小和符号按一定规律变化。例如，在长度测量中由于温度变化而引起的测量误差等。根据系统误差的性质和变化规律，可以通过一定的方法找到修正值，从测量结果中予以消除。

2. 随机误差

随机误差是指在相同条件下，多次测量同一值时，误差的大小和符号以不可预定的方式变

化的测量误差。所谓随机，是指在单次测量中，误差的出现是无规律可循的，但若多次重复测量，误差服从统计规律。随机误差主要是由一些随机因素（如测量力的不稳定等）引起的。

3. 粗大误差

粗大误差是指超出一定条件下预计的测量误差，即明显歪曲测量结果的误差。例如，工作上的疏忽造成的读数误差，外界突然振动引起的测量误差。在处理测量数据时，应该剔除粗大误差。

3.5 测量器具的选择

选择测量器具的原则是在保证测量精度的前提下，考虑测量器具的技术指标和经济指标，主要有以下两点要求：

（1）根据被测工件的部位、外形及尺寸选择测量器具，使所选择的测量器具的测量范围能满足工件要求。

（2）根据被测工件的公差选择测量器具。

测量器具的精度应该与被测零件的公差等级相适应。被测零件的公差等级越高，公差值越小，则选用测量器具的精度要求越高，反之亦然。但是无论选择何种量具，由于测量器具的内在误差、测量条件、工件形状误差等不确定因素，测量结果都存在误差。为了防止测量时将废品判断为合格品而误收，并保证零件的质量，国家标准规定：验收极限从规定的极限尺寸向零件公差带内移动安全裕度 A，如图 3-12 所示。根据这一原则，建立了在规定尺寸极限基础上内缩的验收规则。

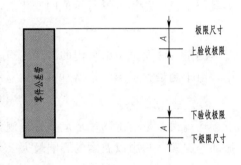

图 3-12　验收极限与公差关系

分析可知，如果安全裕度 A 过大，会产生公差过小，给加工带来困难；如果 A 过小，则提高了测量精度的要求。因此应该规定合理的安全裕度，实现良好的经济性。通常安全裕度 A 按照被测工件尺寸公差的 10% 确定，其数值如表 3-2 所示。

安全裕度 A 也可以看作是测量不确定度的允许值，其中测量器具内在误差引起的不确定度 u_1 是主要组成部分，国家标准规定 $u_1 = 0.9A$。普通测量器具的不确定度的数值如表 3-3 所示。

在选择测量器具时，应选用不确定度小于或等于 u_1 的测量器具。在满足上述要求的前提下，尽可能降低量具和检测的成本。

表 3-2　安全裕度及测量器具的不确定度的允许值（摘自 GB/T 3177—2009）　单位：mm

零件公差值 T		安全裕度 A	计量器具的不确定度的允许值 u_1
大于	至		
0.009	0.018	0.001	0.000 9
0.018	0.032	0.002	0.001 8

零件公差值 T		安全裕度 A	计量器具的不确定度的允许值 u_1
大于	至		
0.032	0.058	0.003	0.002 7
0.058	0.100	0.006	0.005 4
0.100	0.180	0.010	0.009 0
0.180	0.320	0.018	0.016 0
0.320	0.580	0.032	0.029 0
0.580	1.000	0.060	0.054 0
1.000	1.800	0.100	0.090 0
1.800	3.200	0.180	0.160 0

表 3-3　千分尺和游标卡尺的不确定度数值表　　　　　　　单位：mm

尺寸范围		测量器具类型			
		刻度值 0.01 外径千分尺	刻度值 0.01 内径千分尺	刻度值 0.02 游标卡尺	刻度值 0.05 游标卡尺
大于	至	不确定度 u_1			
0	50	0.004	0.006	0.020	0.050
50	100	0.004			
100	150	0.005	0.009		
150	200	0.006			
200	250	0.007	0.012		
250	300	0.007			
300	350	0.008	0.016	0.040	0.070
350	400	0.008			
400	450	0.010			
450	500	0.010			
500	600	0.012	0.020	0.060	0.100
600	700	0.014			
700	800	0.016			
800	900	0.018	0.025		
900	1 000	0.020			

【例】 被测工件为 $\phi200h12$，试选择合适的测量器具。

解：

(1) 查表 2-1 确定尺寸公差 IT12＝0.46 mm

(2) 查表 3-2 确定安全裕度 A 和测量器具的不确定度 u_1。

$$A＝0.032 \text{ mm} \quad u_1＝0.029\,0 \text{ mm}$$

(3) 查表 3-3 选择测量器具。分度值 0.02 mm 的游标卡尺（0.02＜0.029）满足使用要求。

小　结

本章主要介绍技术测量的基础知识以及常用测量器具的使用方法。同学们学习本章的关键是要充分利用实验等进行综合训练，自己多动手、多练习、多思考。对一些简单的被测值，如长度或宽度、孔或轴的直径等，能够选用适当的测量器具，正确进行测量、读数，并记录测量结果。为加强学习兴趣，还可以用不同精度的量具测量同一尺寸，如测量自己的头发等。

复习与思考

一、填空题

1. 测量技术就是对零件的几何量进行_____和_____，通过测量器具确定被测量的数值称为_____，将测量结果与技术要求比较，判断零件的是否合格称为_____。

2. 机械制造中，长度的基本单位是_____，它与长度的基本单位的关系是 1 m 等于_____mm，与最小长度单位的换算关系是 1 mm 等于_____μm。

3. 测量器具所能测出零件的最大值和最小值的范围，称为_____。

4. 游标卡尺的读数部分由_____和_____组成。使用游标卡尺时要检查_____是否对齐。

5. 常用游标卡尺的分度值（测量精度）有_____、_____和_____三种。

6. 内径百分表是用来测量_____的百分表，它是采用_____测量法进行测量的。

二、判断题

1. 被测量的几何量相同，用绝对误差评定测量精度；被测量的几何量不同，则用相对误差评定测量精度。　　　　　　　　　　　　　　　　　　　　　　（　　）

2. 加工误差只有通过测量才能得到，所以加工误差的实质就是测量误差。　　（　　）

3. 用多次测量的算术平均值表示测量结果，可以减少测量的示值误差。　　（　　）

4. 规格为 0～25 mm 外径千分尺，其测量范围和示值范围是一样的。　　（　　）

5. 选用量块组合尺寸时，量块的块数越多，组合出的尺寸越精确。　　　　（　　）

6. 测量误差是指量具本身的误差。　　　　　　　　　　　　　　　　　　（　　）

三、综合题

1. 某测量器具的示值误差为 0.02，其校正值是多少？若测得某零件的读数为 17.24 mm，零件的实际尺寸应该是多少？

2. 试从 83 块一套的量块中组合下列尺寸：49.86 mm，63.365 mm。

3. 读出图 3-13 所示游标卡尺的读数（分度值 0.02）。[说明："×"处说明刻度线对齐]

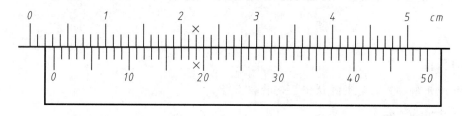

图 3-13

4. 读出图 3-14 所示千分尺的读数。

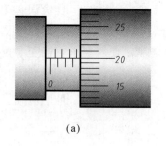

(a)

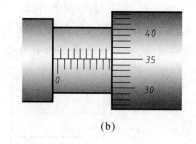

(b)

图 3-14

第 3 章 技术测量基础

第4章 几何公差及其检测

学习目标

1. 知道几何公差的类型并认识几何特征符号。
2. 能理解几何公差带的意义。
3. 能识读图样上标注的几何公差的含义。
4. 知道尺寸公差和几何公差的关系。

在机械加工中，机械零件不仅会有尺寸误差，而且还会产生形状误差和位置误差。图4-1所示为一具有理想形状的孔与轴形成间隙配合，该轴的尺寸误差和表面粗糙度都合格，但加工中产生形状弯曲，造成轴与孔在配合时不能满足使用要求，甚至装配不上。

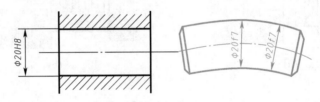

图 4-1　配合示意

由此可见，为了保证机械产品的装配质量和使用要求，对于机械零件，不仅要给出尺寸公差要求，还需要给出形状、方向、位置和跳动公差（简称几何公差）的要求。国家制定和颁布的《几何公差》使零件在设计、加工、检测等过程中有了统一的认识和标准。

本章采用了最新国家标准 GB/T 1182—2008《产品几何技术规范（GPS）几何公差 形状、方向、位置和跳动公差标注》。

知识拓展

几何公差的最新标准为 GB/T 1182—2008《产品几何技术规范（GPS）几何公差形状、方向、位置和跳动公差标注》。

1. 本标准中的"几何公差"即旧标准中的"形状和位置公差"。

2. 为与相关标准的术语取得一致，将旧标准"中心要素"改为"导出要素"，"轮廓要素"改为"组成要素"，"测得要素"改为"提取要素"等。

3. GPS：产品几何技术规范英文缩写（应与卫星定位系统 GPS 区别开）。

4.1 零件的要素

4.1.1 零件要素的概念

几何要素是构成零件几何特征的点、线和面,简称要素,如图 4-2 所示零件的顶点、球心、轴线、素线、球面、圆锥面、圆柱面、端面等。零件的要素就是几何公差的研究对象。

4.1.2 零件要素的分类

1. 根据存在状态分类

根据存在状态,零件要素分为理想要素和实际要素。理想要素是具有几何意义的要素,是理想状态下的点、线、面。该要素严格符合几何学意义,而没有任何误差,如图样上给出的几何要素均为理想要素。实际要素是零件上实际存在的要素,通常由测量所得的要素代替。由于存在测量误差,测得的要素并非该要素的真实状况。

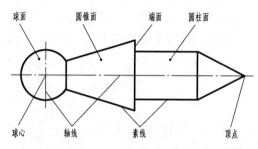

图 4-2 零件的要素

2. 根据几何特征分类

根据几何特征分类,零件要素分为组成要素和导出要素。组成要素是指组成零件外形的轮廓线或轮廓面,能直接被人们感觉到的要素,如图 4-3 中的圆柱面、端面、台阶面。组成要素在原国家标准中称为轮廓要素。

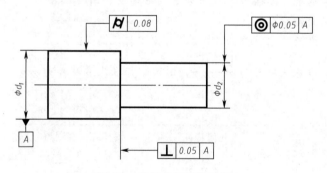

图 4-3 零件几何要素示例

导出要素是指零件上由尺寸要素确定的轴线、中心平面或中心点,如图 4-3 中由尺寸 ϕd_1、ϕd_2 确定的轴线。导出要素是假想的,只有通过相应的组成要素才能体现出来。显然,没有圆柱面的存在,也就没有圆柱面的轴线。导出要素在原国家标准中称为中心要素。

3. 根据几何公差要求分类

根据几何公差要求分类,零件要素分为被测要素和基准要素。被测要素是指图样中给出几何公差要求的要素,即图样上几何公差框格的指引线箭头所指的要素,如图 4-3 中 ϕd_1 的圆柱面和台阶面,ϕd_2 的轴线。

基准要素是用来确定被测要素方向或（和）位置的要素，在图样上用基准代号表示，如图 4-3 中 ϕd_1 的轴线。

4. 根据功能关系分类

根据功能关系，零件要素分为单一要素和关联要素。单一要素是指仅对被测要素本身给出形状公差的要素，即只研究其形状公差的要素。图 4-3 所示的 ϕd_1 圆柱面只给出圆柱度要求，所以该圆柱面为单一要素。

关联要素是指与基准要素有功能关系的要素，即需要研究方向、位置或跳动误差的要素。如图 4-3 所示台阶面与 ϕd_1 的轴线有垂直度要求，ϕd_2 的轴线与 ϕd_1 的轴线有同轴度要求，因此台阶面、ϕd_2 的轴线为关联要素。

根据研究对象的不同，某一要素可以是单一要素，也可以是关联要素。

4.2 几何公差的几何特征符号

4.2.1 几何特征符号

新国家标准规定的几何公差的几何特征符号如表 4-1 所示，分为形状公差、方向公差、位置公差和跳动公差四大类。方向公差、位置公差和跳动公差旧国家标准统称为位置公差。

🔗 相关链接

对于几何公差而言，其新国家标准与旧国家标准主要区别如下：

（1）新国家标准几何公差分为形状公差、方向公差、位置公差和跳动公差四大类，旧国家标准分为形状公差、位置公差和跳动公差三大类。

（2）新国家标准中"方向公差"增加了线轮廓度、面轮廓度。"位置公差"增加了同心度、线轮廓度、面轮廓度。

（3）新国家标准的特征符号为 19 项，旧国家标准为 14 项。

（4）新国家标准基准符号为 ![A A基准符号]，旧国家标准基准符号为 ![A基准符号]。

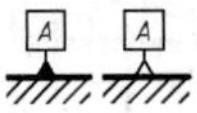

表 4-1　几何公差的几何特征符号

公差类型	几何特征	符号	有无基准
形状公差	直线度	—	无
	平面度	▱	无
	圆度	○	无
	圆柱度	⌭	无
	线轮廓度	⌒	无
	面轮廓度	⌓	无

公差类型	几何特征	符号	有无基准
方向公差	平行度	//	有
	垂直度	⊥	有
	倾斜度	∠	有
	线轮廓度	⌒	有
	面轮廓度	◠	有
位置公差	位置度	⊕	有或无
	同心度（用于中心点）	◎	有
	同轴度（用于轴线）	◎	有
	对称度	⼀	有
	线轮廓度	⌒	有
	面轮廓度	◠	有
跳动公差	圆跳动	↗	有
	全跳动	⌖	有

4.2.2 几何公差的附加符号

几何公差在图样上采用附加符号标注，无法采用附加符号时，允许在技术要求中用文字说明。几何公差的附加符号由公差框格、指引线和基准组成。

1. 公差框格

公差框格是两格或多格的矩形框格，可以水平绘制，也可以垂直放置。框格按自左向右的顺序，依次填写以下内容（见图4-4）：

第一格——几何特征符号；

第二格——公差值和相关符号；

第三格和以后各格——基准字母和相关符号。

因为形状公差无基准，所以其框格只有两格，如图4-4（a）所示；而方向、位置、跳动公差的框格可以是三格或多格，如图4-4（b）、图4-4（c）、图4-4（d）所示。

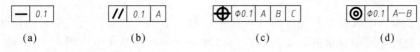

| (a) | (b) | (c) | (d) |

图 4-4 公差框格

2. 指引线

指引线一端从公差框格中间平行引出，另一端带有箭头且垂直指向被测要素。指引线最多允许弯折两次。指引线标注示例如图 4-5 所示。

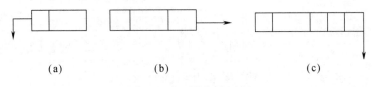

图 4-5　指引线标注示例

3. 基准

对于有方向公差、位置公差或跳动公差要求的被测要素，在图样上必须标明基准。基准用大写字母表示，标注在基准方格内，与一个涂黑的或空白的三角形相连（涂黑的或空白的基准三角形含义相同），无论基准在图样上的方向如何，基准方格和字母保持水平，如图 4-6 所示。

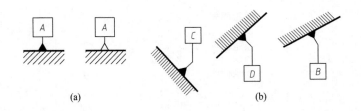

图 4-6　基准

表示基准的字母对应在公差框格内。基准可以是单个要素表示的单一基准，用一个与被测要素相关的字母表示，如图 4-4（b）所示；也可以是两个以上的多基准，表示基准的字母按基准的优先顺序自左至右填写在各框格内，如图 4-4（c）所示；还可以是采用两个要素建立的公共基准，两个字母中间加连字符表示，如图 4-4（d）所示。

4.3　几何公差的标注

4.3.1　被测要素的标注

被测要素是检测对象。公差框格的指引线垂直指向被测要素，指引线箭头按下列方法与被测要素相连。

1. 被测要素为组成要素

当被测要素为组成要素（轮廓线或轮廓面）时，指引线箭头指向该要素的轮廓线或其延长线上，并与尺寸线明显错开，如图 4-7（a）所示。指引线箭头也可指向该轮廓面引出线的水平线上，如图 4-7（b）所示。

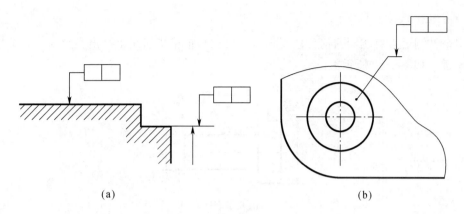

(a)　　　　　　　　　　　　　　(b)

图 4-7　被测要素为组成要素

2. 被测要素为导出要素

当被测要素为导出要素（尺寸要素确定的轴线、中心平面或中心点）时，指引线箭头应指向相应尺寸线的延长线上，即与尺寸线对齐如图 4-8 所示。

3. 同一被测要素有多项几何公差要求

当同一被测要素有多项几何公差要求，其标注方法又一致时，可将一个框格放在另一个框格的下方，用一条指引线指向被测要素，如图 4-9（a）所示。如测量方向不完全相同，则应将测量方向不同的公差分开标注，如图 4-9（b）所示。

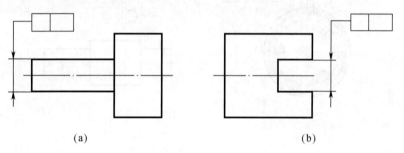

(a)　　　　　　　　　　　　　　(b)

图 4-8　被测要素为导出要素

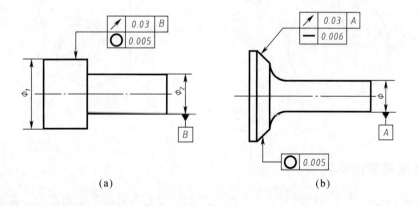

(a)　　　　　　　　　　　　　　(b)

图 4-9　同一被测要素有多项几何公差要求

4. 多个被测要素有相同的几何公差要求

当多个被测要素有相同几何公差要求时，可以从框格指引线上画出多个箭头，分别指向各被测要素，如图 4-10 所示。

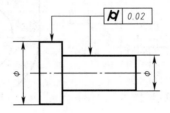

图 4-10　多个被测要素有相同几何公差要求

5. 文字附加说明

结构相同的几个要素有相同的几何公差要求时，可以只对其中的一个要素标注公差框格，并在框格上方说明要素的个数，如图 4-11 所示。

以螺纹轴线作为被测要素或基准要素时，默认为螺纹中径圆柱的轴线，否则应附加文字说明，用"MD"表示大径，用"LD"表示小径，如图 4-12 所示。

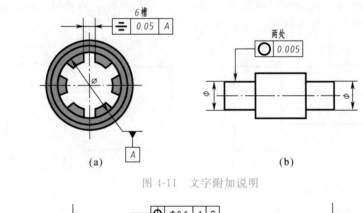

(a)　　　　　　　　　　　　　(b)

图 4-11　文字附加说明

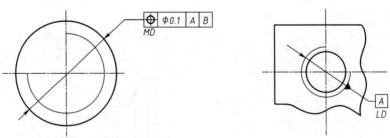

图 4-12　被测要素或基准要素为螺纹轴线时的标注

4.3.2　基准要素的标注

对于有几何公差要求的被测要素，它的方向和位置是由基准要素确定的。基准要素在图样上按下列方法标注。

1. 基准要素为组成要素

当基准要素为组成要素（轮廓线或轮廓面）时，基准三角形应放置在该要素的轮廓线或其延长线上，与尺寸线明显错开，如图 4-13（a）所示。基准三角形也可放置在该轮廓面引出线的水平线上，如图 4-13（b）所示。

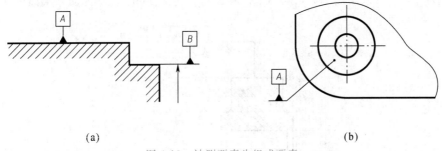

(a)   (b)

图 4-13　被测要素为组成要素

2. 基准要素是导出要素

当基准要素是导出要素（尺寸要素确定的轴线、中心平面或中心点）时，基准三角形应放置在相应尺寸线的延长线上，即与尺寸线对齐，如图 4-14 所示。

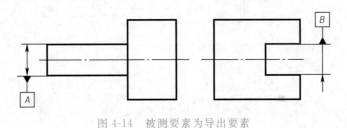

图 4-14　被测要素为导出要素

3. 互为基准

被测要素和基准要素可以任意互换时，称为互换基准，标注方法如图 4-15 所示。

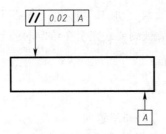

图 4-15　互为基准的标注

4.3.3　几何公差数值的标注方法及示例

几何公差数值以 mm 为单位填写在公差框格中。对于以宽度表示的公差带，只要标注公差值；公差带是圆形或圆柱形时，则在公差值前加"ϕ"；公差带是球形时，则在公差值前加"$S\phi$"。

几何公差标注示例如图 4-16 所示，图样中几何公差的意义分别是：

（1）⭕ 0.004 表示被测要素 φ100h6 外圆柱的圆度公差为 0.004 mm。

（2）↗ 0.015 B 表示被测要素 φ100h6 外圆轮廓相对基准要素 φ45P7 孔的轴线径向圆跳动公差为 0.015 mm。

（3）∥ 0.04 A 表示两端面之间的平行度公差为 0.04 mm。在测量时两端面可互为基准。

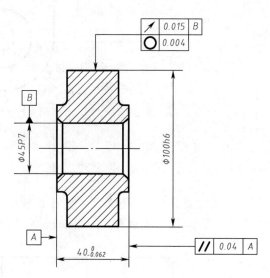

图 4-16　几何公差标注示例

4.4　几何公差带

如前所述，零件表面的实际要素相对于理想形状和理想位置的变动量，就是形状、方向、位置和跳动误差。变动量越大，误差越大。允许形状、方向、位置和跳动误差的变动量，称为几何公差。

几何公差带是用来限制被测要素变动的区域。由于被测要素具有一定的几何形状，因此几何公差带也是一个几何图形，只要被测要素完全在给定的公差带内，就表示该要素的形状、方向、位置和跳动符合要求。

4.4.1　几何公差带的四个要素

几何公差带由形状、大小、方向和位置四个因素确定，进而形成各种公差带的形式。

（1）公差带的形状　公差带的形状是由公差的几何特征及标注方法决定的，如图 4-17 所示。

（2）公差带的大小　公差带的大小即公差值。公差值有时是指公差带的宽度，有时是指公差带的直径，如图 4-17 所示。

（3）公差带的方向　公差带的方向与评定被测要素的误差方向一致。

（4）公差带的位置　公差带的位置分为固定和浮动两种。固定公差带，其位置与零件实际尺寸的大小无关，如同轴度、对称度、部分位置度和轮廓度等公差；浮动公差带，其位置随着零件实际尺寸的变化而发生变动，大部分几何公差带均为浮动位置公差。

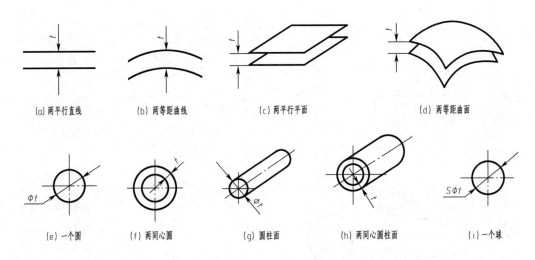

(a) 两平行直线　　　(b) 两等距曲线　　　(c) 两平行平面　　　　　(d) 两等距曲面

(e) 一个圆　　　(f) 两同心圆　　　(g) 圆柱面　　　(h) 两同心圆柱面　　　(i) 一个球

图 4-17　几何公差带的形状

4.4.2　几何公差带的特点

几何公差包括形状公差、方向公差、位置公差和跳动公差四大类。

1. 形状公差带

形状公差是控制被测要素本身形状误差的大小，不涉及基准。形状公差带的示例、标注和解释如表 4-2 所示（线轮廓度、面轮廓度因其特殊性应单独说明）。

表 4-2　公差带的定义、标注和解释　　　　　　　　　　单位：mm

符　号	标注示例	公差带图	识读与解释
一	— ⏐0.1	a 为任一距离	上平面的直线度公差为 0.1　在任一平行于正投影面的平面内，上平面的实际线应限定在间距等于 0.1 的两平行直线之间
	— ⏐0.1		棱边的直线度公差为 0.1　实际棱边应限定在间距等于 0.1 的两平行平面之间
	— ⏐φ0.08		轴线的直线度公差为 φ0.08　外圆柱面的实际中心线应限定在直径等于 φ0.08 的圆柱面内

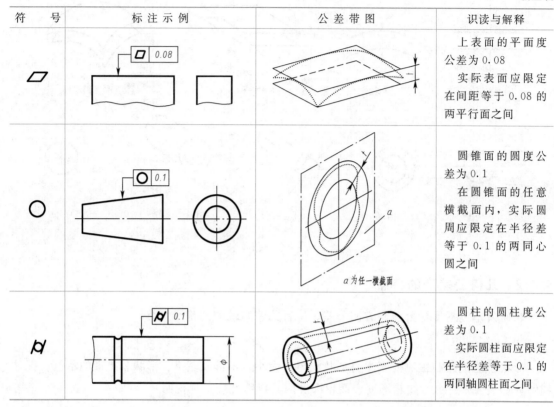

符　号	标注示例	公差带图	识读与解释
▱			上表面的平面度公差为0.08 实际表面应限定在间距等于0.08的两平行面之间
○		a为任一横截面	圆锥面的圆度公差为0.1 在圆锥面的任意横截面内，实际圆周应限定在半径差等于0.1的两同心圆之间
⌭			圆柱的圆柱度公差为0.1 实际圆柱面应限定在半径差等于0.1的两同轴圆柱面之间

2. 轮廓度公差带

　　轮廓度公差不是单纯的形状公差或位置公差。当它们用于限制被测要素的形状时，不标注基准，其理想形状由理论正确尺寸确定，公差带的位置是浮动的；当它们用于限制被测要素的形状、方向和位置时，需要标注基准，其理想形状由基准和理论正确尺寸确定，公差带的位置是固定的。轮廓度公差带的示例、标注和解释如表4-3所示。

表4-3　线轮廓度、面轮廓度公差带的定义、标注和解释

符　号	标注示例	公差带图	识读与解释
⌒		垂直于视图所在平面 a为任一距离	曲线的线轮廓度公差为0.04（无基准） 在任一平行于正投影面的截面内，实际轮廓线应限定在直径等于0.04、圆心位于理想曲线（其形状由正确理论尺寸确定）上的一系列圆的两包络线之间

符号	标 注 示 例	公 差 带 图	识读与解释
⌒			曲线的线轮廓度公差为0.04（有基准） 在任一平行于正投影面的截面内，实际轮廓线应限定在直径等于0.04、圆心位于理想曲线（其形状由正确理论尺寸确定，位置由基准A和B确定）上的一系列圆的两等距包络线之间
⌓			曲面的面轮廓度公差为0.02（无基准） 实际轮廓面应限定在直径等于0.02、球心位于理想曲面（其形状由正确理论尺寸确定）上的一系列圆球的两等距包络面之间
⌓			曲面的面轮廓度公差为0.1（有基准） 实际轮廓面应限定在直径等于0.1、球心位于理想曲面（其形状由正确理论尺寸确定，位置由基准A确定）上的一系列圆球的两等距包络面之间

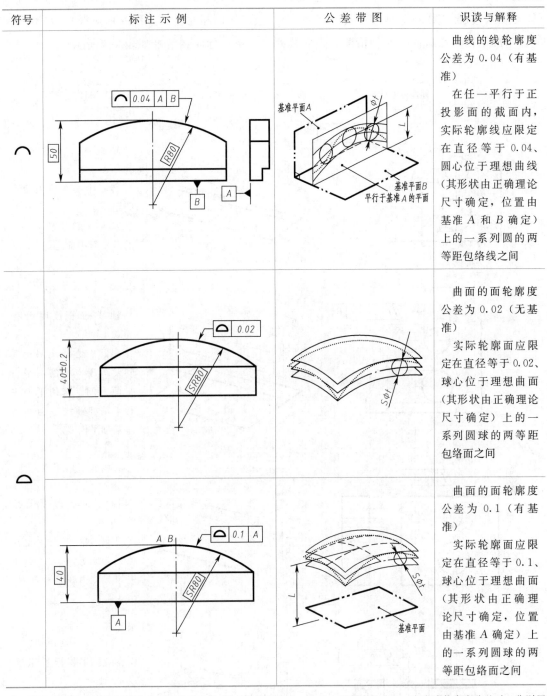

注：表中方框中的尺寸称为"理论正确尺寸"，它是当给出一个或一组要素的位置、方向或轮廓度公差时，分别用来确定理论正确位置、方向或轮廓的尺寸。

3. 方向公差带

方向公差是被测要素相对基准要素在方向上的允许变动量。被测要素相对于基准要素的理想方向0°时为平行度；90°时为垂直度；其他任意角度为倾斜度。

由于被测要素和基准要素均可为直线和平面，因此方向公差有被测直线相对基准直线（线对线）、被测直线相对基准平面（线对面）、被测平面相对基准直线（面对线）、被测平面相对基准平面（面对面）四种情况。方向公差带示例、标注和解释如表 4-4 所示。

表 4-4　方向公差带的定义、标注和解释　　　　　　　单位：mm

符号	标注示例	公差带图	识读与解释
//			轴线的平行度公差为 0.1 实际中心线应限定在间距等于 0.1、平行于基准轴线 A 和基准平面 B 的两平行平面之间
			轴线的平行度公差为 0.1 实际中心线应限定在间距等于 0.1 的两平行平面之间。该两平面平行于基准轴线 A 且垂直于基准平面 B
			轴线的平行度公差为 $\phi0.03$ 实际中心线应限定在直径等于 $\phi0.03$、平行于基准轴线 A 的圆柱面内
			轴线的平行度公差为 0.01 实际中心线应限定在间距等于 0.01、平行于基准面 B 的两平行平面之间

符号	标注示例	公差带图	识读与解释
//	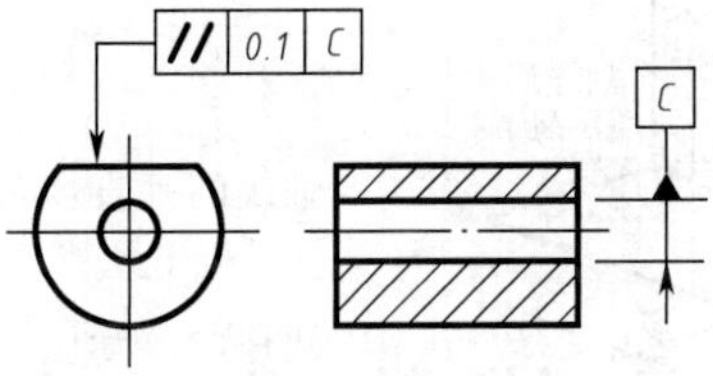	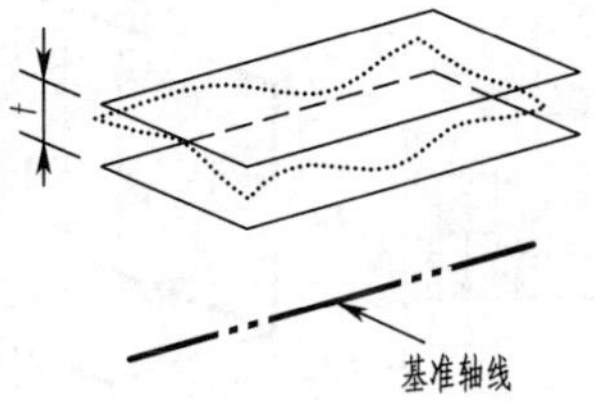 基准轴线	平面的平行度公差为 0.1 实际平面应限定在间距等于 0.01、平行于基准轴线 C 的两平行平面之间
	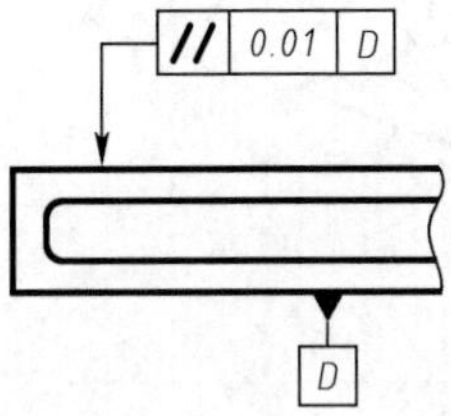	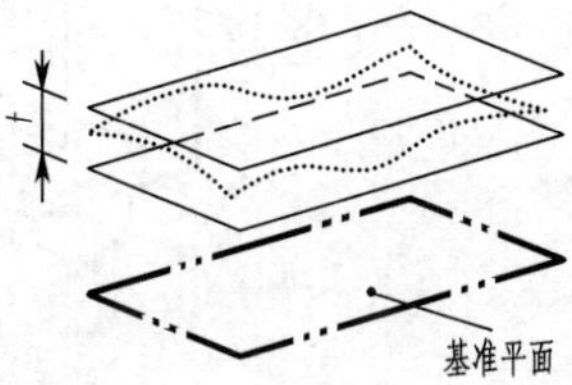 基准平面	平面的平行度公差为 0.01 实际平面应限定在间距等于 0.01、平行于基准面 D 的两平行平面之间
⊥	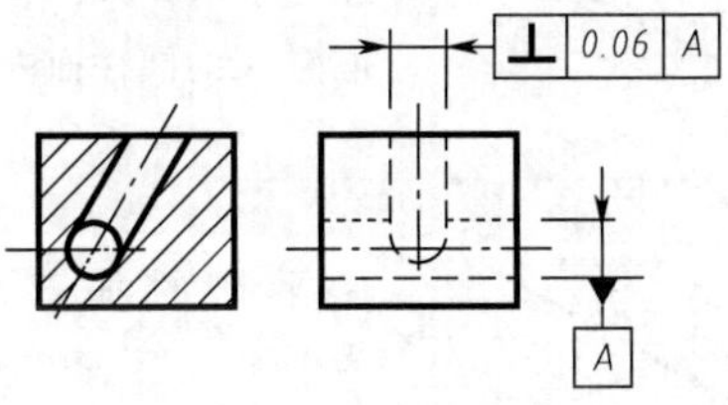	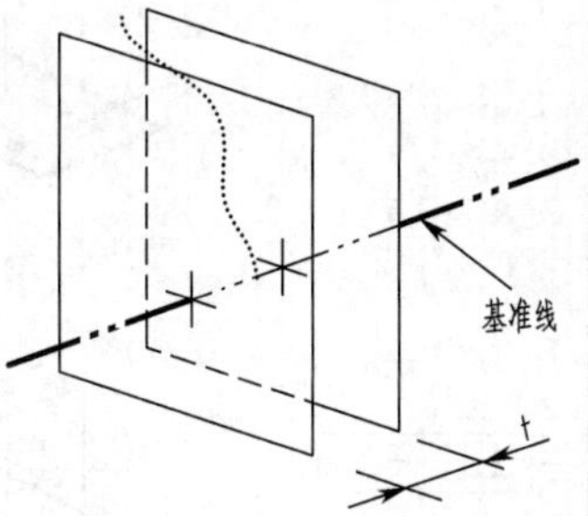 基准线	轴线的垂直度公差为 0.06 实际中心线应限定在间距等于 0.06、垂直于基准轴线 A 的两平行平面之间
	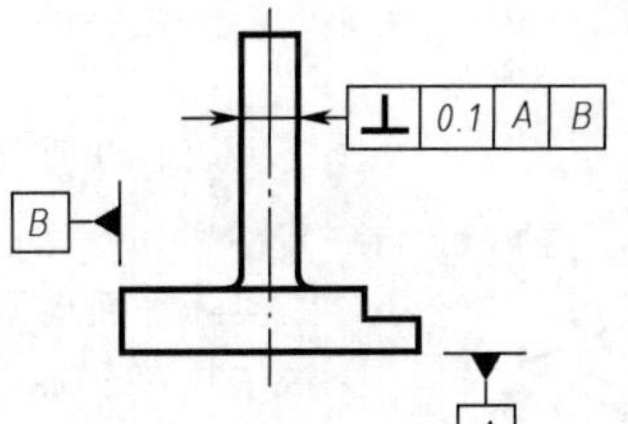	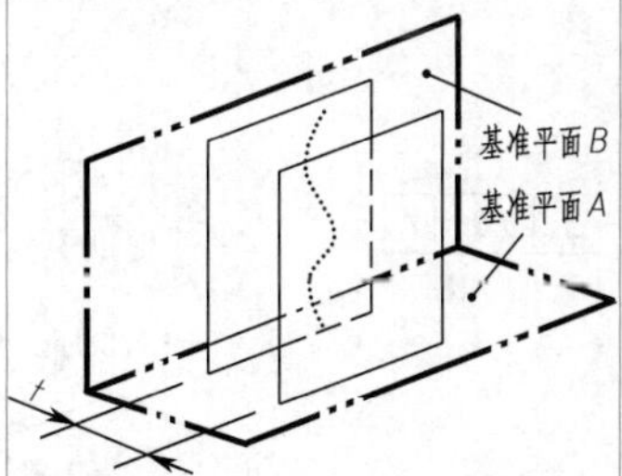 基准平面 B 基准平面 A	轴线的垂直度公差为 0.1 圆柱的实际中心线应限定在间距等于 0.1 的两平行平面之间。该两平面垂直于基准平面 A 且平行于基准平面 B

67

第 4 章　几何公差及其检测

符号	标注示例	公差带图	识读与解释

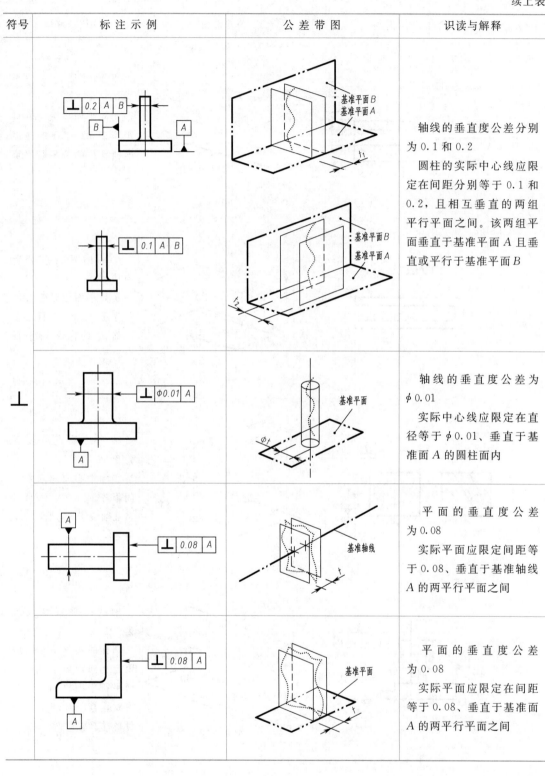

第一行（⊥ 0.2 A B / ⊥ 0.1 A B）：

轴线的垂直度公差分别为 0.1 和 0.2

圆柱的实际中心线应限定在间距分别等于 0.1 和 0.2，且相互垂直的两组平行平面之间。该两组平面垂直于基准平面 A 且垂直或平行于基准平面 B

第二行（⊥ φ0.01 A）：

轴线的垂直度公差为 φ0.01

实际中心线应限定在直径等于 φ0.01、垂直于基准面 A 的圆柱面内

第三行（⊥ 0.08 A）：

平面的垂直度公差为 0.08

实际平面应限定间距等于 0.08、垂直于基准轴线 A 的两平行平面之间

第四行（⊥ 0.08 A）：

平面的垂直度公差为 0.08

实际平面应限定在间距等于 0.08、垂直于基准面 A 的两平行平面之间

极限配合与技术测量（第二版）

符号	标注示例	公差带图	识读与解释
∠	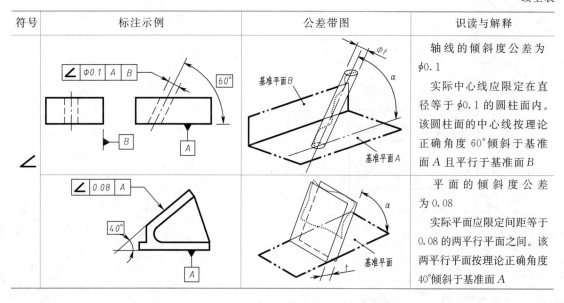		轴线的倾斜度公差为 $\phi 0.1$ 实际中心线应限定在直径等于 $\phi 0.1$ 的圆柱面内。该圆柱面的中心线按理论正确角度 60° 倾斜于基准面 A 且平行于基准面 B
			平面的倾斜度公差为 0.08 实际平面应限定间距等于 0.08 的两平行平面之间。该两平行平面按理论正确角度 40° 倾斜于基准面 A

4. 位置公差

位置公差是被测要素相对基准要素在位置上的允许变动量。位置公差带示例、标注和解释如表 4-5 所示。

表 4-5　位置公差带的定义、标注和解释　　　　　　　单位：mm

符号	标注示例	公差带图	识读与解释
⊕			球心的位置度公差为 $S\phi 0.3$ 实际球心应限定在直径等于 $S\phi 0.3$ 的圆球面内。该圆球面的中心由基准平面 A、基准平面 B、基准中心面 C 和理论正确尺寸 30、25 确定
			轴线的位置度公差为 $\phi 0.08$ 实际中心线应限定在直径等于 $\phi 0.08$ 的圆柱面内。该圆柱面的轴线的位置应处于由基准面 C、A、B 和理论正确尺寸 100、68 确定的理论正确位置上

69

第 4 章　几何公差及其检测

符号	标注示例	公差带图	识读与解释
⊕	8×φ12 B ◀ ⊕ φ0.1 C A B 30 20 15 30 30 30 A ▼ C ◀	无	轴线的位置度公差为φ0.1 各实际中心线应限定在直径等于φ0.1的圆柱面内。该圆柱面的轴线应处于由基准面C、A、B和理论正确尺寸20、15、30确定的各孔轴线的理论正确位置上
◎	A ACS ◎ φ0.1 A	φt 基准点	内圆圆心的同心度公差为φ0.1 在任意横截面内，内圆的实际圆心应限定在直径等于φ0.1，以基准点A为圆心的圆周内
◎	◎ φ0.08 A-B A ▲ B ▲ φ φ φ	φt 基准轴线	大圆柱轴线的同轴度公差为φ0.08 大圆柱面的实际中心线应限定在直径等于φ0.08，以公共基准A-B为轴线的圆柱面内
═	A ▲ ═ 0.08 A	t/2 t 基准中心平面	槽的中心平面的对称度公差为0.08 实际中心面应限定在间距等于0.08、对称于基准中心平面的两平行平面之间

5. 跳动公差

　　跳动公差是以测量方法定义的公差项目，跳动公差的被测要素是圆柱面、端面和圆锥面等组成要素，基准要素为轴线。根据测量仪器和被测工件是否有相对移动，分为圆跳动和全跳动。

　　圆跳动公差是被测要素的某一固定参考点绕基准轴线旋转一周（零件和测量仪器间无轴向位移）时，指示器示值所允许的最大变动量。根据测量位置的不同，圆跳动分为径向圆跳动、轴向圆跳动和斜向圆跳动。

　　全跳动公差是指被测要素绕基准轴线做若干次旋转，同时仪器和工件做轴向或径向的相对移动时，指示器示值所允许的最大变动量。全跳动分为径向全跳动和轴向全跳动。

　　跳动公差带示例、标注和解释如表 4-6 所示。

表 4-6　跳动公差带的定义、标注和解释　　　　　　单位：mm

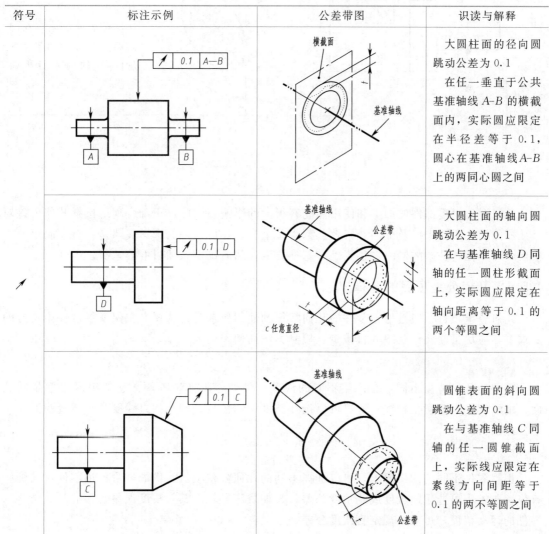

符号	标注示例	公差带图	识读与解释
		横截面 0.1 A-B 基准轴线	大圆柱面的径向圆跳动公差为 0.1 在任一垂直于公共基准轴线 A-B 的横截面内，实际圆应限定在半径差等于 0.1，圆心在基准轴线 A-B 上的两同心圆之间
	0.1 D	基准轴线 公差带 c 任意直径 C	大圆柱面的轴向圆跳动公差为 0.1 在与基准轴线 D 同轴的任一圆柱形截面上，实际圆应限定在轴向距离等于 0.1 的两个等圆之间
	0.1 C	基准轴线 公差带	圆锥表面的斜向圆跳动公差为 0.1 在与基准轴线 C 同轴的任一圆锥截面上，实际线应限定在素线方向间距等于 0.1 的两不等圆之间

符号	标注示例	公差带图	识读与解释
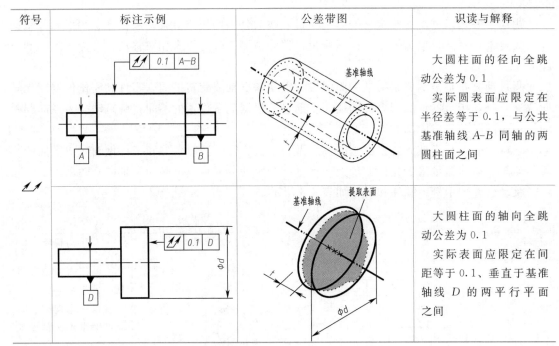			大圆柱面的径向全跳动公差为0.1 实际圆表面应限定在半径差等于0.1，与公共基准轴线 *A-B* 同轴的两圆柱面之间
			大圆柱面的轴向全跳动公差为0.1 实际表面应限定在间距等于0.1，垂直于基准轴线 *D* 的两平行平面之间

4.5　几何公差的选择

几何误差对零部件的加工和使用性能有很大的影响。因此，正确合理地选择几何公差对保证零件的使用要求以及提高经济效益都十分重要。几何公差的选择步骤是：首先确定公差项目，确定位置公差的同时，还要确定基准要素，然后确定该项目的公差值。

4.5.1　几何公差项目的选择

几何公差项目一般是根据零件的几何特征和使用要求进行选择。在保证零件使用功能的要求下，应尽量使几何公差项目减少，检测方法简便。

1. 考虑零件的几何特征

零件的几何特征不同，会产生不同的误差。例如，阶梯轴零件，它的组成要素是圆柱面、端面，导出要素是轴线，所以可以选择圆度、圆柱度、轴线的直线度及素线直线度等几何公差项目。

2. 考虑零件的使用要求

根据零件不同的使用要求，可以选择不同的几何公差项目。例如，阶梯轴零件，其轴线有位置要求，可选用同轴度或跳动度公差；又如机床导轨，其直线度误差会影响与其结合的零件的运动精度，可对其规定直线度公差。

3. 考虑几何公差项目的综合控制职能

各项几何公差项目的控制功能都不尽相同，选择时要尽量发挥它们的综合控制职能，以便减少几何公差的项目。例如，方向公差可以控制与之有关的形状公差；位置公差可以控制与之有关的形状公差和方向公差；跳动公差可以控制与之有关的形状公差、方向公差和位置公差。

4. 考虑检测的方便性

在同样满足零件的使用要求时，应选择检测简便的项目。例如，轴类零件，同轴度公差可以用径向圆跳动或径向全跳动代替；端面对轴线的垂直度公差可以用轴向圆跳动或轴向全跳动代替。这是因为跳动公差检测方便，而且与工作状态比较吻合。

4.5.2 基准要素的选择

选择基准时，应根据设计要求，兼顾基准统一原则和结构特征，一般从以下几方面来考虑。

（1）根据实际要素的功能要求及要素间的几何关系来选择基准。

（2）从装配关系考虑，应选择零件相互配合、相互接触的表面作为基准，以保证零件的正确装配。

（3）从加工和测量角度考虑，应选择加工比较精确的表面、工夹量具中的定位表面作为基准，并尽量统一装配、加工和检测基准。

（4）当被测要素需要采用多基准定位时，可选用组合基准或三面体系；还应从被测要素的使用要求出发，考虑基准要素的顺序。

4.5.3 几何公差值的选择

几何公差值的选择原则与尺寸公差一样，即在满足零件功能要求的前提下选取较低的公差值。同时应注意，对于同一被测要素，形状公差值、方向公差值、位置公差值、尺寸公差值应满足下列关系：

$$T_{形状} < T_{方向} < T_{位置} < T_{尺寸}$$

几何公差值的大小是由几何公差等级决定的，而公差等级的大小代表几何公差的精度。国家标准将公差等级分为 12 级，即 1～12 级，精度依次降低。

对于几何公差有较高要求的零件，均应在图样上按规定方法注出公差值。几何公差值的大小由几何公差等级和零件的主参数确定。图样上未注公差值的要素并不是没有几何公差精度要求，其精度要求由未注几何公差来控制。国家标准中各几何公差数值表及未注公差的数值表可查看相关手册。

4.6 公差原则

几何公差和尺寸公差都是控制零件精度的公差，其性质不同，彼此独立，但在一定条件下，二者又相互关联。确定尺寸公差与几何公差之间的相互关系所遵循的原则称为公差原则。根据尺寸公差和几何公差的关系不同，公差原则分为独立原则和相关要求两种。

4.6.1 基本术语

1. 局部实际尺寸

局部实际尺寸是指在实际要素的正截面上两对应点测得的距离，如图 4-16 所示的 d_{a1}、d_{a2}、d_{a3} 和 D_{a1}、D_{a2}、D_{a3}。

2. 作用尺寸

作用尺寸是装配中起作用的尺寸，它是局部实际尺寸和几何误差的综合结果。

如图 4-18 所示，作用尺寸分为体外作用尺寸 d_{fe}、D_{fe} 和体内作用尺寸 d_{fi}、D_{fi}。

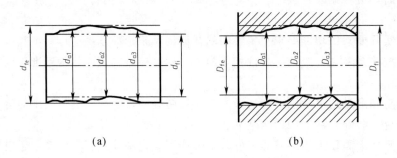

(a)   (b)

图 4-18　局部实际尺寸和作用尺寸

3. 边界

边界是由设计时给定的具有理想形状的极限包容面，其尺寸的大小为极限包容面的直径或距离。

4. 实体状态和实体尺寸

（1）最大实体状态和最大实体尺寸。实际要素在给定长度上处处位于尺寸极限内并具有实体最大的状态称为最大实体状态。最大实体状态下的尺寸称为最大实体尺寸，此时边界为最大实体边界。

（2）最小实体状态和最小实体尺寸。实际要素在给定长度上处处位于尺寸极限内并具有实体最小的状态称为最小实体状态。最小实体状态下的尺寸称为最小实体尺寸，此时边界为最小实体边界。

5. 实效状态和实效尺寸

（1）最大实体实效状态和最大实体实效尺寸。在给定长度上，实际要素处于最大实体状态，且其导出要素的几何误差等于给定公差时的综合极限状态，称为最大实体实效状态。最大实体实效状态的体外作用尺寸称为最大实体实效尺寸，此时边界为最大实体实效边界。

（2）最小实体实效状态和最小实体实效尺寸。在给定长度上，实际要素处于最小实体状态，且其导出要素的几何误差等于给定公差时的综合极限状态，称为最小实体实效状态。最小实体实效状态的体内作用尺寸称为最小实体实效尺寸，此时边界为最小实体实效边界。

外表面（轴）和内表面（孔）在各状态的尺寸如表 4-7 所示。

表 4-7　外表面（轴）和内表面（孔）在各状态的尺寸

零件状态	零件尺寸	边界	外表面（轴）	内表面（孔）
实体状态	最大实体尺寸	最大实体边界	上极限尺寸	下极限尺寸
	最小实体尺寸	最小实体边界	下极限尺寸	上极限尺寸
实效状态	最大实体实效尺寸	最大实体实效边界	最大实体尺寸＋几何公差值	最大实体尺寸－几何公差值
	最小实体实效尺寸	最小实体实效边界	最小实体尺寸－几何公差值	最小实体尺寸＋几何公差值

4.6.2　独立原则与相关要求

1. 独立原则

独立原则是指图样上给定的几何公差与尺寸公差相互无关，分别满足各自的公差要求，它是尺寸公差和几何公差相互关系的基本原则。

独立原则不需要附加任何符号。如图 4-19 所示，轴的局部实际尺寸在上极限尺寸和下极限尺寸之间，轴的形状误差在给定的几何公差之内，二者彼此独立，互相无关。

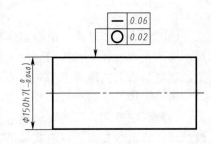

图 4-19　独立原则

2. 相关要求

相关要求是指图样上给定的尺寸公差和几何公差相互有关的要求。它分为：包容要求、最大实体要求、最小实体要求和可逆要求。可逆要求不能单独使用，只能与最大实体要求或最小实体要求一起使用。

（1）包容要求。包容要求适用于单一要素，它要求实际要素应遵守其最大实体边界，局部实际尺寸不得超出最小实体尺寸。

包容要求的符号Ⓔ标注在采用包容要求的单一要素的尺寸极限偏差或公差带代号之后。如图 4-20 所示，轴的局部实际尺寸在上极限尺寸和下极限尺寸之间变化，而轴线直线度的允许误差随实际尺寸与最大实体尺寸的偏离量而变化，其大小为实际尺寸与最大实体尺寸的差值。此时，尺寸公差具有双重职能，即综合控制被测要素的实际尺寸变动量和形状误差。

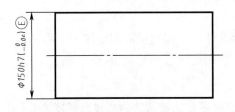

实际尺寸	偏离量	允许值 t
150	0	0
149.99	0.01	0.01
149.98	0.02	0.02
149.97	0.03	0.03
149.96	0.04	0.04

图 4-20　包容要求

（2）最大实体要求。最大实体要求适用于导出要素，它要求被测要素的实际轮廓遵守其最大实体实效边界，当其实际尺寸偏离最大实体尺寸时，允许其几何误差值超出给定的公差值。换句话说，最大实体要求是当被测要素或基准要素偏离最大实体状态时，其形状、方向、位置公差获得补偿的一种公差要求。

最大实体要求的符号Ⓜ，标注在相应公差值（用于被测要素）或基准字母（用于基准要素）后。如图 4-21 所示，轴的局部实际尺寸在上极限尺寸和下极限尺寸之间变化，而轴线直线度的允许误差随实际尺寸与最大实体尺寸的偏离量而变化，其大小等于几何公差值及实际尺寸与最大实体尺寸的偏离量之和。此时几何误差超出其给定公差值，获得补偿。

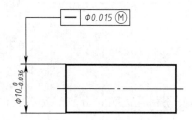

实际尺寸	偏离量	允许值 t
10.00	0	0.015
9.99	0.01	0.025
9.98	0.02	0.035
9.97	0.03	0.045

图 4-21　最大实体要求

（3）最小实体要求。最小实体要求适用于导出要素，它要求被测要素的实际轮廓遵守其最小实体实效边界，当其实际尺寸偏离最小实体尺寸时，允许其几何误差值超出给定的公差值。这是与最大实体要求相对应的另一种相关要求，本书不再赘述。

最小实体要求的符号Ⓛ及标注，如图 4-22 所示。

（4）可逆要求。可逆要求就是允许尺寸公差补偿给几何公差，反过来也允许几何公差补偿给尺寸公差的要求。可逆要求是在原有尺寸公差补偿几何公差关系的基础上，增加几何公差补偿尺寸公差的关系，即允许相应的尺寸误差增大。

可逆要求的符号Ⓡ，标注在被测要素几何公差值的符号Ⓜ或Ⓛ的后面，如图 4-23 所示。

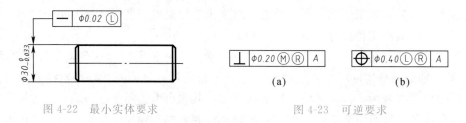

　　(a)　　　　　　　(b)

图 4-22　最小实体要求　　　　　　　图 4-23　可逆要求

4.7　各类几何公差的检测原则

几何公差的项目繁多，其检测方法也是多种多样的，国家标准制定了五种检测原则，在实际应用中，根据被测要素的特点，可按照这些原则正确选用检测方法。

1. 与理想要素比较的原则

与理想要素比较的原则是将实际要素与其理想要素相比较，从而直接或间接法测得其几何误差值。实际测量中理想要素是用模拟方法来体现的，如以平板、小平面作为理想平面，以刀口尺等作为理想直线。大多数几何误差的检测都应用该原则，它是几何误差检测的基本原则。

2. 测量坐标值原则

测量坐标值原则是测量被测要素的坐标值（如直角坐标值、极坐标值、圆柱坐标值），并经过数值处理获得几何误差值。这项原则适用于形状复杂的表面，应用较少。

3. 测量特征参数原则

测量特征参数原则是通过测量被测要素上有代表性的参数来表示几何误差值。如图 4-24 所示，用两点法测量圆度误差值时，其特征参数值是直径，用指示表分别测出同一正截面内不同方向上的直径值，取其最大差值的一半作为圆度误差。

4. 测量跳动原则

测量跳动原则是将被测实际要素绕基准轴线回转，在回转过程中沿给定方向测量其对参考点（线）的变动量。如图 4-25 所示，用指示表测量径向圆跳动误差，当被测要素回转一周时，指示器的最大、最小读数之差即

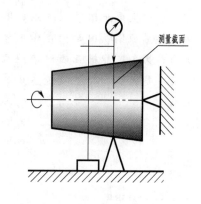

图 4-24　利用特征参数测量圆度误差

为该截面的径向圆跳动误差，测量若干截面，取其最大数值作为该零件的径向圆跳动误差。

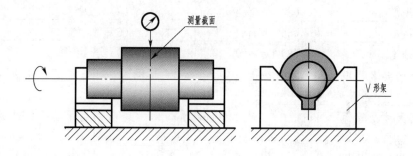

图 4-25　测量径向圆跳动

5. 控制实效边界原则

控制实效边界原则就是检测被测实际要素是否超出实效边界，以判断合格与否。这项原则只适用于在图样上采用最大实体要求的场合。如图 4-26 所示，用综合量规检验两个孔轴线的同轴度，综合量规通过被测零件为合格；反之为不合格。

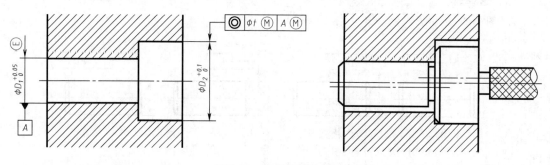

图 4-26　控制实效边界

第4章　几何公差及其检测

小　　结

　　本章主要介绍了几何公差几何特征的名称及符号、几何公差的标注、几何公差带的定义及公差原则。同学们在学完本章内容之后，应做到如下几点：第一、建立几何公差的概念；第二、能够正确识读图样上标注的几何公差的意义，被测要素、基准要素、公差项目各是什么，公差值是多少，是否还有其他要求；第三、了解尺寸公差与几何公差的关系。

复习与思考

一、填空题

1. 国家标准规定的几何特征公差类型分为 ＿＿＿＿＿＿ 公差、＿＿＿＿＿＿ 公差、＿＿＿＿＿＿ 公差和 ＿＿＿＿＿＿ 公差四大类。

2. 写出下列各几何公差项目的符号

(1) 直线度＿＿＿＿＿＿　　(2) 平面度＿＿＿＿＿＿　　(3) 圆度＿＿＿＿＿＿

(4) 圆柱度＿＿＿＿＿＿　　(5) 平行度＿＿＿＿＿＿　　(6) 垂直度＿＿＿＿＿＿

(7) 同轴度＿＿＿＿＿＿　　(8) 对称度＿＿＿＿＿＿　　(9) 圆跳动＿＿＿＿＿＿

3. 零件的要素，根据几何特征分为 ＿＿＿＿＿＿ 要素和 ＿＿＿＿＿＿ 要素；根据几何公差要求分为 ＿＿＿＿＿＿ 要素和 ＿＿＿＿＿＿ 要素。

4. 作用尺寸是零件 ＿＿＿＿＿＿ 尺寸和 ＿＿＿＿＿＿ 综合的结果，孔的体外作用尺寸总是 ＿＿＿＿＿ 孔的实际尺寸，轴的体外作用尺寸总是 ＿＿＿＿＿ 轴的实际尺寸。

5. 公差原则就是处理 ＿＿＿＿＿＿ 公差和 ＿＿＿＿＿＿ 公差关系的规定。公差原则分为 ＿＿＿＿＿＿ 原则和相关要求。相关要求又分为 ＿＿＿＿＿＿ 要求、＿＿＿＿＿＿ 要求、＿＿＿＿＿＿ 要求和 ＿＿＿＿＿＿ 要求。

6. 采用最大实体要求时，几何误差的允许值随 ＿＿＿＿＿＿＿＿＿＿＿＿ 的偏离量而变化，当要素处于 ＿＿＿＿＿＿ 状态时，允许的几何误差值最大。

二、选择题

1. 图 4-27 所示直线度公差，标注正确的是 ＿＿＿＿＿＿。

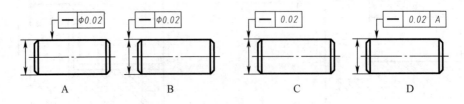

图　4-27

2. 标注几何公差代号时，必须在公差之前加注 "ϕ" 的项目是

A. 圆度　　　　　B. 圆柱度　　　　　C. 圆跳动　　　　　D. 同轴度

3. 下列几何公差项目中，_____适用于控制平面要素，_____适用于控制圆柱和圆锥正截面要素。

A. 直线度　　　　B. 平面度　　　　　C. 圆度　　　　　　D. 圆柱度

4. 圆跳动的被测要素必定是_____，基准要素必定是_____。

A. 组成要素　　　B. 导出要素　　　　C. 组成要素或导出要素

5. 某轴线对基准中心平面的对称度公差为 0.1 mm，则允许该轴线对基准中心平面的偏离量为____。

A. 0.1 mm　　　　B. 0.05 mm　　　　C. 0.15 mm　　　　D. 0.2 mm

6. 标注理论正确尺寸（角度）时应_____。

A. 注明偏差　　　B. 加注方框　　　　C. 加注括号

7. 通常说，作用尺寸是_____综合作用的结果。

A. 实际尺寸和几何公差　　　　　　　B. 实际偏差和几何误差

C. 实际偏差与几何公差　　　　　　　D. 实际尺寸和几何误差

8. 同轴度公差属于_____。

A. 形状公差　　　B. 方向公差　　　　C. 位置公差　　　　D. 跳动公差

9. 测量径向圆跳动误差时，指示表测头应_____；测量轴向圆跳动时，指示表测头应_____。

A. 垂直于轴线　　B. 平行于轴线　　　C. 倾斜于轴线　　　D. 与轴线重合

10. 对于轴类零件的圆柱面，_____检测简便，容易实现，故优先选用。

A. 圆度　　　　　B. 跳动　　　　　　C. 圆柱度　　　　　D. 同轴度

三、判断题（正确画 "√"，错误画 "×"）

1. 尺寸公差用于限制尺寸误差，其研究对象是尺寸；几何公差用于限制几何要素的形状、方向和位置误差，其研究对象是要素。（　　　）

2. 实际要素即为被测要素，基准要素即为理想要素。（　　　）

3. 几何公差的框格为 2～5 格。（　　　）

4. 由于形状误差是单一要素，故标注形状公差项目时不需基准。（　　　）

5. 平行度和垂直度可以视为倾斜度的特殊情况。（　　　）

6. 跳动公差带可以综合控制被测要素的方向、位置和形状。（　　　）

7. 对称度的被测要素和基准要素都是导出要素（中心要素）。（　　　）

8. 包容要求的实质是以尺寸公差控制形状公差。（　　　）

四、简答题

1. 几何公差分为哪几大类？他们的几何特征符号是什么？

2. 几何公差带由哪些要素组成？几何公差带的形状有哪些？

3. 理想边界有哪些？代号各是什么？

4. 几何误差的检测原则有哪几种？

五、综合题

1. 根据图 4-28 中几何公差的标注填表：

代号字母	被 测 要 素	基 准 要 素	公差项目	公差值
a				
b				
c				
d				
e				

2. 根据图 4-29 中几何公差的标注填空（单位为 mm）：

a：_____对基准_____的_____公差为 $\phi0.02$。

b：_____对基准_____的_____公差为 $\phi0.05$。

c：_____的_____公差为 0.03，基准是_____。

d：_____的_____公差为 0.01。

3. 将下列各项几何公差要求标注在图 4-30 中。

（1）$\phi40$ 圆柱轴线对 $\phi60$ 圆柱轴线的同轴度公差为 $\phi0.03$；

（2）$\phi40$ 圆柱面的圆度公差为 0.015；

（3）键槽中心平面对 $\phi40$ 圆柱轴线的对称度公差为 0.04；

（4）$\phi60$ 圆柱面对 $\phi40$ 圆柱轴线的圆跳动公差为 0.03。

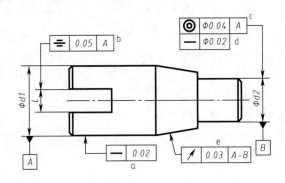

图 4-28

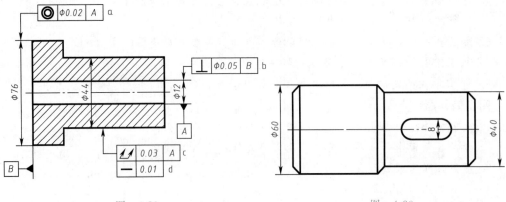

图 4-29   图 4-30

第 5 章　表面粗糙度及其检测

学习目标

1. 知道表面粗糙度的概念。
2. 能识读图样上标注的表面粗糙度的含义。

零件在制造过程中应满足加工要求，通常称为技术要求，如表面粗糙度、尺寸公差、几何公差以及材料热处理等。

表面粗糙度属于产品几何技术规范（GPS）中表面结构的表示法 GB/T 131—2006/ISO 1302：2002 范畴，本章主要介绍新国家标准表面粗糙度的概念及其检测。

5.1　基本概念

5.1.1　表面结构的含义

表面结构是指零件表面的几何形貌，它是表面粗糙度、表面波纹度、表面纹理、表面缺陷和表面几何形状的总称。

表面结构的各种特性都是零件在金属切削加工过程中，由于工艺等因素形成的。如图 5-1所示零件表面，其实际轮廓是由粗糙度、波纹度及形状误差综合影响产生的结果。表面粗糙度是微观状态下的几何形状误差，形状误差是宏观状态下的几何形状误差。通常以波距 λ 和波高 h 之比来划分，一般比值大于 1 000 的为形状误差，小于 40 的为表面粗糙度，介于二者之间的称为表面波纹度。

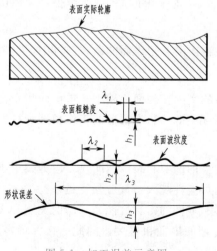

图 5-1　加工误差示意图

5.1.2 表面粗糙度的概念

表面粗糙度是微观状态下由具有较小间距的峰谷所组成的几何形状特征，如图 5-2 所示。表面粗糙度越小，表面越光滑。

> **相关链接**
>
> GB/T 131—2006/ISO 1302：2002。《产品几何技术规范（GPS） 技术产品文件中表面结构的表示法》，主要特点如下：
>
> 1. 本标准代替 GB/T 131—1993《机械制图 表面粗糙度符号、代号及其注法》。
>
> 2. 新标准中的参数代号为大小写斜体书写，如 Ra、Rz，原标注为下标式书写，如 R_a 已经不再使用。
>
> 3. 原标注中的表面粗糙度参数 R_z（十点高度）已经不再被认可为标准代号，新的 Rz 为原 R_y 的定义，原 R_y 的符号不再使用。

5.1.3 表面粗糙度对零件使用性能的影响

1. 对配合性质的影响

零件表面粗糙度影响配合性质的稳定性。对于间隙配合，配合的孔、轴做相对运动时，由于表面凹凸不平，接触面的凸峰会很快被磨损，使配合间隙增大，引起配合性质的改变。对于过盈配合，在装配压入的过程中，由于表面凹凸不平，零件表面的峰顶被压平，减少了实际有效的过盈量，降低了配合的连接强度。

图 5-2 表面粗糙度剖面放大图

2. 对摩擦磨损的影响

两接触表面做相对运动时，表面越粗糙，摩擦阻力越大，使零件表面磨损速度越快，耗能越多，且影响相对活动的灵敏性。但表面过于光洁，会不利于润滑油的储存，易使工作面间形成半干摩擦或干摩擦，反而使摩擦系数增大，加剧磨损。

3. 对腐蚀性的影响

粗糙的表面易使腐蚀性物质附着于表面的微观凹谷中，且向零件表层渗透，加剧腐蚀。

4. 对接触刚度的影响

表面越粗糙，两表面间的实际接触面积越小，单位面积受力就越大，受到外力时越易产生接触变形，从而使接触刚度变低，影响机器的工作精度和抗振性。

5. 对疲劳强度的影响

零件表面越粗糙，表面上的凹痕和裂纹越明显，应力集中越敏感，尤其当零件受到交变载荷时，零件的疲劳损坏的可能性越大，疲劳强度越差。

此外，表面粗糙度还影响零件的密封性能、产品的美观和表面涂层的质量等。为了提高产品质量和寿命，应选取合理的表面粗糙度。因此，在保证零件尺寸公差、几何公差的同时，还要对表面粗糙度进行控制。

5.2 表面粗糙度的评定

经加工获得的零件表面粗糙度是否满足使用要求，需要进行测量和评定。

5.2.1 基本术语和定义

1. 实际轮廓

平面与实际表面相交所得的轮廓称为实际轮廓。如图 5-3 所示，该平面为截平面，按照截取方向的不同，它又分为横向实际轮廓和纵向实际轮廓。横向轮廓是指垂直于表面加工纹理的平面与表面相交所得的轮廓。纵向轮廓是指平行于表面加工纹理的平面与表面相交所得的轮廓。

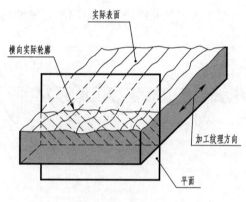

图 5-3　实际轮廓

在评定表面粗糙度时，除非特别指明，通常均指横向表面实际轮廓。

2. 取样长度

取样长度（lr）是指用于评定表面粗糙度特征的一段基准线长度，如图 5-4 所示。一般取样长度包含 5 个以上的轮廓峰和轮廓谷。

需要说明的是，新国家标准对"取样长度"代号的规定，将原标准中的取样长度代号 l 改为 lr。

规定取样长度的目的在于限制和减弱其他形状误差，特别是表面波纹度对测量结果的影响。一般情况下表面越粗糙，取样长度就越大。

3. 评定长度

评定长度（ln）是指评定轮廓表面所必需的一段长度。由于被加工表面粗糙度不一定很均匀，为了合理、客观地反映表面质量，往往评定长度包含几个取样长度。国家标准中规定，粗糙度参数的默认评定长度由 5 个取样长度构成，即 $ln = 5lr$，如图 5-4 所示；如果加工表面比较均匀，取 $ln < 5lr$；若表面均匀性差，则取 $ln > 5lr$。

4. 轮廓中线

轮廓中线是指具有几何轮廓形状并划分轮廓的基准线，又称中线。

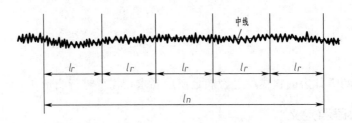

图 5-4　取样长度（lr）和评定长度（ln）

5.2.2　表面粗糙度的评定参数

表面粗糙度的主要评定参数有轮廓算术平均偏差 Ra 和轮廓最大高度 Rz。

1. 轮廓算术平均偏差 Ra

在一个取样长度内，轮廓上各点到基准线之间距离的算术平均值，如图 5-5 所示。

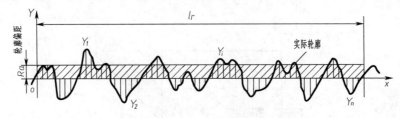

图 5-5　轮廓的算术平均偏差 Ra

表达式为

$$Ra = \frac{|Y_1| + |Y_2| + |Y_3| + \cdots + |Y_n|}{n}$$

Ra 参数较直观、易理解，并能充分反映表面微观几何形状高度方面的特征，测量方法比较简单，是采用的较普遍的评定指标。

2. 轮廓最大高度 Rz

在一个取样长度内，轮廓峰顶线和轮廓谷底线之间的距离，如图 5-6 所示。

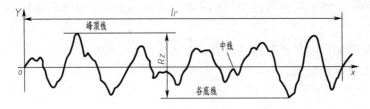

图 5-6　轮廓最大高度 Rz

Rz 参数不如 Ra 能准确反映几何特征。Ra 和 Rz 联用，可对某些不允许出现较大的加工痕迹的零件表面和小零件表面质量加以控制。

国家标准规定的评定参数 Ra、Rz 数值如表 5-1 所示。

表 5-1 *Ra*、*Rz* 的数值   单位：μm

Ra	*Rz*	*Ra*	*Rz*
0.012		6.3	6.3
0.025	0.025	12.5	12.5
0.05	0.05	25	25
0.1	0.1	50	50
0.2	0.2	100	100
0.4	0.4		200
0.8	0.8		400
1.6	1.6		800
3.2	3.2		1 600

5.3 表面粗糙度的标注

5.3.1 表面结构的图形符号

在图样中，对表面结构的要求可用几种不同的图形符号表示。各种表面结构的图形符号及其含义如表 5-2 所示。

表 5-2 表面结构的图形符号及其含义（GB/T 131—2006）

项　目	符　号	含义及说明
基本图形符号	$\sqrt{}$	基本符号。表示表面可用任何方法获得。当没有补充说明时不能单独使用（例如表面处理），仅用于简化代号的标注
扩展图形符号	$\sqrt{}$（加一短横）	要求去除材料的图形符号。在基本符号上加一短横。表示指定表面是用去除材料的方法获得，如车、磨、铣、刨、钻、抛光、气割等
扩展图形符号	$\sqrt{}$（加一圆圈）	要求不去除材料的图形符号。在基本符号上加一个圆圈。表示指定表面是用不去除材料的方法获得，如铸、锻等
完整图形符号	$\sqrt{}$ $\sqrt{}$ $\sqrt{}$	在上述所示的图形符号的长边上加一横线，用于对表面结构有补充说明要求的标注
视图上封闭轮廓的各表面有相同的结构要求时的符号	$\sqrt{}$ $\sqrt{}$ $\sqrt{}$	在上述符号上均加一圆圈，用于表示视图上封闭轮廓的各表面有相同的结构要求

5.3.2 表面粗糙度的代号

在表面结构的图形符号上，注有表面粗糙度的参数和数值及有关规定，称为表面粗糙度代号。表面粗糙度的各项参数注写位置如图 5-7 所示。

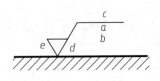

位置 a：注写表面粗糙度高度参数的代号及其数值，μm；取样长度（或传输带），mm

位置 b：有两个或多个高度参数要求，注写其代号及其数值，μm

位置 c：注写加工方法，表面处理或其他加工工艺要求等

位置 d：注写所要求的表面纹理和纹理方向

位置 e：注写所要求的加工余量，mm

图 5-7　表面粗糙度的各项参数注写位置

1. 表面粗糙度参数

表面粗糙度的评定以高度参数为主要特征，标注示例及意义如表 5-3 所示。

表 5-3　表面粗糙度高度参数注写示例及意义

序号	代　　号	含 义 说 明
1	$\sqrt{}$ Ra 0.4	表示用不去除材料方法获得的表面，Ra 的上限值为 0.4 μm
2	$\sqrt{}$ Rz 0.4	表示用不去除材料方法获得的表面，Rz 的上限值为 0.4 μm
3	$\sqrt{}$ Ra max 0.4	表示用去除材料方法获得的表面，Ra 的最大值为 0.4 μm
4	$\sqrt{}$ Ra 0.8 Rz 3.2	表示用去除材料方法获得的表面，Ra 的上限值为 0.8 μm，Rz 的上限值为 3.2 μm
5	$\sqrt{}$ Ra max 0.8 Rz max 3.2	表示用不去除材料方法获得的表面，Ra 的最大值为 0.8 μm，Rz 的最大值为 3.2 μm
6	$\sqrt{}$ U Rz 0.8 L Ra 0.2	表示用不去除材料方法获得的表面，Rz 的上限值为 0.8 μm，Ra 的下限值为 0.2 μm

注：1. 表中参数的上限值或下限值（未标注 max 或 min 的），是允许表面粗糙度的实测值可以超过规定值，但所有实测值中超过规定值的个数应少于总数的 16%；而参数的最大值或最小值（表中标注 max 或 min 的），则是要求表面粗糙度参数的所有实测值都不能超过规定值。

2. 表中参数一般指单向上限值（未加注说明的）；若参数为下限值，则应在参数代号前加 L；若表示双向极限时应标注极限代号，上限值在上方用 U 表示，下限值在下方用 L 表示。

2. 新旧国家标准中表面粗糙度代号的对比

新旧国家标准中表面粗糙度代号有较大变化，其对比如表 5-4 所示。

表 5-4　新旧国家标准中表面粗糙度代号对比

GB/T 131—2006	GB/T 131—1993	区别说明	GB/T 131—2006	GB/T 131—1993	区别说明
$Ra\ 1.6$ (符号)	1.6 (符号)	①图形符号不同 ②参数注写位置不同 ③Ra 代号不能省略	$Ra\ max\ 1.6$ (符号)	$1.6max$ (符号)	最大值表达不同两个参数的最大值
			$Ra\ max\ 0.8$ $Rz\ max\ 3.2$ (符号)	$0.8max$ $Ry\ 3.2max$ (符号)	
$Rz\ 3.2$ (符号)	$Rz\ 3.2$ (符号)	代号含义不同	$L\ Ra\ 1.6$ (符号)	—	下限值
—	$Ry\ 3.2$ (符号)	代号取消	$-0.8/Ra\ 1.6$ (符号)	$1.6 \ /\ 0.8$ (符号)	取样长度
$Ra\ 0.8$ $Rz\ 3.2$ (符号)	0.8 $Ry\ 3.2$ (符号)	两个参数的上限值	$Rz3\ 6.3$ (符号)	—	评定长度包含 3 个取样长度
$U\ Ra\ 3.2$ $L\ Ra\ 1.6$ (符号)	3.2 1.6 (符号)	上、下限值	$0.025-0.8/Ra\ 1.6$ (符号)	—	传输带

注：1. "—"表示该国家标准没有此项；

　＊2. 增加传输带参数。新国家标准中，表面粗糙度的完整符号应注写传输带及评定长度等参数。即在表面粗糙度图形符号长边横线下面依次注写传输带、取样长度、表面结构参数代号、评定长度与取样长度的倍数、表面结构参数的数值，如图 5-8 所示。

传输带是指两个长、短波滤波器之间的波长范围，即评定时的波长范围。（滤波器是测量表面结构参数所使用的仪器，把轮廓分成长波和短波成分）。注写传输带时，短波滤波器在前，长波滤波器在后，并用 "-" 隔开。若只标一个滤波器，应保留连字号 "-" 以区分长、短波滤波器，标注示例如 0.025-，长波滤波器标注示例如-0.8。当参数代号中没有标注传输带、评定长度与取样长度的倍数时，表明采用了国家标准规定选用的默认数值。

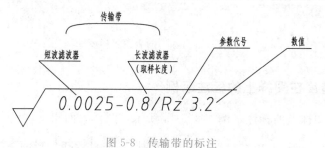

图 5-8　传输带的标注

5.3.3　表面粗糙度在图样上的标注

表面粗糙度代号在图样上的标注方法，如图 5-9 所示。

（1）表面粗糙度代号在图样上一般注在可见轮廓线上，符号的尖端必须从材料外指向接触表面，代号中数字和符号的注写必须与尺寸数字方向一致。

（2）必要时，表面粗糙度符号也可以用带箭头或黑点的指引线引出标注，如图 5-9（a）所示；在不引起误解时，有些表面粗糙度也可标注在特征尺寸的尺寸线上，如图 5-9（b）

所示；有时根据空间情况可标注在公差框格的上方，如图 5-9（c）所示。

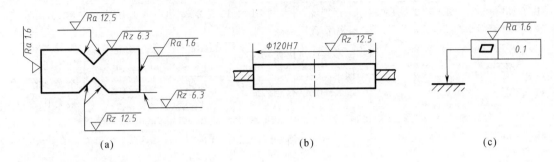

图 5-9　表面粗糙度在图样上的标注

表面粗糙度有一些简化注法，如若工件的多数表面有相同的表面粗糙度要求时，不同的要求直接标注在图形中，相同的要求可以统一标注在图样的标题栏附近，如图 5-10 所示。图 5-10（a）所示为圆括号内给出无任何其他标注的基本符号；图 5-10（b）所示为圆括号内给出不同的表面粗糙度要求。

其他标注方法不再赘述。

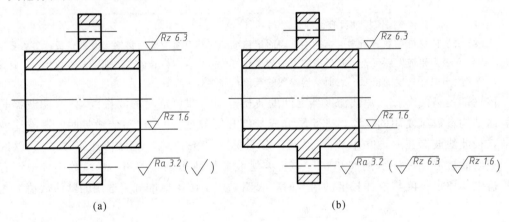

图 5-10　大多数表面有相同的表面粗糙度的简化注法

5.3.4　表面粗糙度在图样上的标注示例

表面粗糙度在图样上的标注示例如图 5-11 所示，图样表面粗糙度代号的意义分别为：

（1）$\sqrt{}^{Ra\,3.2}$ 表示 ϕ40 mm 圆柱面的表面粗糙度，通过去除材料的方法获得，Ra 的上限值为 3.2 μm。

（2）$\sqrt{}^{Ra\,1.6}$ 表示圆锥孔的表面粗糙度，通过去除材料的方法获得，Ra 的上限值为 1.6 μm。

（3）$\sqrt{}^{Rz\,6.3}$ 表示右端面的表面粗糙度，通过去除材料的方法获得，Rz 的上限值为 6.3 μm。

（4）$\sqrt{Ra\,3.2}$ 表示台阶面的表面粗糙度，通过去除材料的方法获得，Ra 的上限值为 3.2 μm。

（5）$\sqrt{Ra\,0.4}$ 表示圆柱孔 ϕ14 的表面粗糙度，通过去除材料的方法获得，Ra 的上限值为 0.4 μm。

（6）$\sqrt{Ra\,1.6}$ 表示左端面的表面粗糙度，通过去除材料的方法获得，Ra 的上限值为 1.6 μm。

（7）$\sqrt{Ra\,125}$ 表示整个零件其余未标注表面的表面粗糙度，通过去除材料方法获得，Ra 的上限值为 12.5 μm。

说明：图中代号旁均标有序号（1）～（7）。

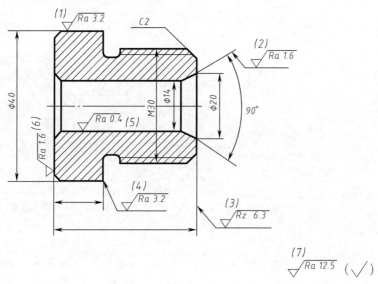

图 5-11　标注示例

5.4　表面粗糙度的选用

5.4.1　表面粗糙度参数值的选择

表面粗糙度参数值越小，表面越光滑，但加工也越困难，成本越高。因此表面粗糙度参数值的选择应在满足零件表面功能要求的前提下，同时兼顾经济性和加工的可能性。具体原则如下：

（1）在满足零件使用功能的前提下，尽量选用大的参数值，以降低加工成本。

（2）一般情况下，同一零件的工作表面的粗糙度数值应比非工作面小；摩擦表面的粗糙度参数值应比非摩擦面小；运动速度高，单位面积上压力大以及承受交变载荷的工作表面，其参数值应小。

第 5 章　表面粗糙度及其检测

（3）尺寸公差、几何公差要求高的表面，粗糙度数值应小。

（4）防腐性、密封性要求高的表面，粗糙度数值应小。

5.4.2 常用加工方法达到的表面粗糙度

表面粗糙度与加工方法密切关连。通常根据加工方法，可以判断所加工零件的表面粗糙度 Ra 值的大致范围。各类加工方法对应的表面粗糙度 Ra 如表 5-5 所示。

表 5-5 各类加工方法对应的表面粗糙度

加工方法 \ $Ra/\mu m$	50	25	12.5	6.3	3.2	1.6	0.80	0.40	0.20	0.10	0.05	0.025	0.012
气割	…	—	…										
锯		…	—	—	—	—	…						
刨		…	—	—	—	…	…						
钻			…	—	—	…							
电火花			…	—	—	—							
铣		…	…	—	—	—	…	…					
拉削				…	—	—	…						
铰				…	—	—	…						
车		…	…			—	…	…	…				
磨削				…	…	—	—	…	…	…			
镗						…			…	…			
研磨							…	…	…	…	…	…	…
抛光							…	…	—	—	…	…	…
超精加工							…	…	—		…	…	…
砂型铸造	…	—	…										
热滚压	…	—	…										
锻		…	—	—	…								
熔模铸造				…	—	…							
挤压			…	—	—		…						
冷轧压延				…	—	—	…	…					
压力铸造					…	—	…						

注："—"常用，"…"不常用。

5.5 表面粗糙度的检测

测量表面粗糙度的常用方法有比较法、针描法、光切法、干涉法、印模法等。

1. 比较法

比较法又称目测法和触觉法，将零件被测表面对照粗糙度样块进行比较，用目测或手摸判断被加工表面粗糙度。

表面粗糙度样块的材料、加工方法和加工纹理方向最好与被测工件相同，这样有利于比较，提高判断的准确性。比较时，还可以借助于放大镜、比较显微镜等工具，以减少误差，提高准确度。用比较法评定表面粗糙度虽然不精确，但由于器具简单，使用方便，且能满足一般的生产要求，故为车间常用的测量方法。测量范围目测法 Ra 值一般为 $3.2\sim50\ \mu m$，触觉法 Ra 值一般为 $0.8\sim6.3\ \mu m$。

2. 针描法

针描法又称感触法，可以通过测量描绘出被测表面的实际轮廓线，并通过放大和处理测得表面粗糙度的主要评定参数值，多用于测量 Ra 值。

常用量仪有电感轮廓仪（电感法）和压电轮廓仪（压电法），轮廓仪的测量范围一般为 $Ra0.008\sim6.3\ \mu m$，适用于内外表面检测，但不能用于检测柔软或易划伤表面。

3. 光切法

光切法是利用光切原理，借助于光切显微镜来测量表面粗糙度。光切法显微镜又称双管显微镜。光切法原理与光切显微镜结构如图 5-12 所示。

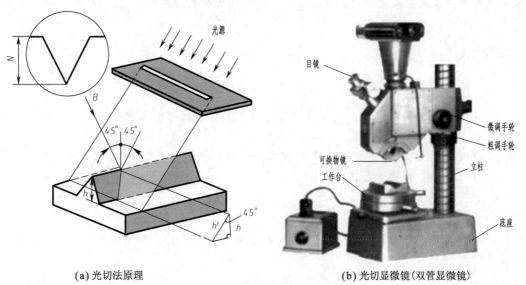

(a) 光切法原理　　　　　　　　**(b) 光切显微镜(双管显微镜)**

图 5-12　光切显微镜（双管显微镜）

光切显微镜测量原理：光源发出的光线经聚光镜和光阑形成一束扁平光带，通过物镜以 45°方向投射在被测表面上。由于被测表面上存在微观不平的峰谷，因而在与入射光呈垂直方向，即与被测表面成另一个45°方向经另一物镜反射到目镜分划板上，从目镜中可以看到被测表面实际轮廓的影像，测出轮廓影像的高度 N，根据显微镜的放大倍数 K，即可算出被测轮廓的实际高度 h。

光切显微镜主要用来测量评定 Rz 值，可测量车、铣、刨或其他类似方法加工的金属零件的平面和外圆表面，但不便于检验用磨削或抛光等方法加工的金属零件的表面。测量范围一般为 $0.8 \sim 80\ \mu m$。

4. 干涉法

干涉法是利用光波干涉原理来测量表面粗糙度，常用的仪器为干涉显微镜。由于这种仪器具有高的放大倍数和鉴别率，故可以测量精密表面的粗糙度。干涉显微镜的测量范围 Ra 为 $0.008 \sim 0.2\ \mu m$，适用于测量 Rz 的参数值。

5. 印模法

用塑性材料黏合在被测表面上，将被测表面轮廓复制成印模，然后测量印模。这种方法适用于对深孔、不通孔、凹槽、内螺纹、大工件及其难测部件检测。测量范围 Ra 一般为 $0.1 \sim 100\ \mu m$。

小　结

本章主要介绍了表面粗糙度的基本知识，包括表面粗糙度的概念、评定的主要参数、标注以及测量的方法等内容，针对新的国家标准对表面粗糙度的图形符号做了较详细地讲解，并将新旧国家标准加以对比，以方便同学们学习。

本章的学习关键是了解表面粗糙度的含义，能够正确识读图样上标注的表面粗糙度，并掌握表面粗糙度最基本的检测方法（比较法、针描法和光切法）。

复习与思考

一、填空题

1. 表面粗糙度是指_____状态下具有的_____组成的几何形状特征。表面粗糙度越小，表面越_____。

2. 评定长度是指_____，它可以包含一个或几个_____。

3. 国家标准中规定表面粗糙度的主要评定参数有_____和_____两项。

4. 表面结构是_____。它是_____、_____、_____、表面缺陷和表面几何形状的总称。

5. 表面粗糙度的选用，应在满足表面功能要求的情况下，尽量选用_____的表面粗糙度数值。

6. 同一零件表面，工作表面的粗糙度参数值_____非工作表面的粗糙度参数值。

7. 当零件所有表面具有相同的表面粗糙度时，其代号、符号可在图样_____统一标注。

8. 光切显微镜又称双管显微镜，光切显微镜主要用来测量的参数为_____。

二、判断题

1. 表面粗糙度是微观的形状误差，所以对零件使用性能影响不大。　　　　　　（　　）

2. 表面粗糙度的取样长度一般即为评定长度。 （　　）

3. Ra 能充分反映表面微观几何形状的高度特征，是普遍采用的评定参数。 （　　）

4. 零件的尺寸精度越高，通常表面粗糙度参数值相应取得越小。 （　　）

5. 表面粗糙度值越大，越有利于零件耐磨性和抗腐蚀性的提高。 （　　）

6. 表面粗糙度不划分精度等级，直接用参数代号及数值表示。 （　　）

三、选择题

1. 表面粗糙度是_____误差。

A. 宏观几何形状　　　　B. 微观几何形状　　　　C. 宏观相互位置　　　　D. 微观相互位置

2. 选择表面粗糙度评定参数值时，下列论述不正确的有_____。

A. 同一零件上工作表面应比非工作表面参数值大

B. 摩擦表面应比非摩擦表面的参数值小

C. 配合质量要求高，表面粗糙度参数值应小

D. 受交变载荷的表面，表面粗糙度参数值应小

3. 评定表面粗糙度的取样长度至少包含_____个峰和谷。

A. 3　　　　　　　　　　B. 5　　　　　　　　　　C. 7　　　　　　　　　　D. 9

4. 表面粗糙度代号在图样标注时尖端应_____。

A. 从材料外指向标注表面　　　　　　　　B. 从材料内指向标注表面

C. 以上二者均可

5. 通常车削加工可使零件表面粗糙度 Ra 达到_____ μm。

A. 0.8～6.3　　　　　　B. 0.4～6.3　　　　　　C. 0.4～12.5　　　　　　D. 0.2～1.6

6. 车间生产中评定表面粗糙度最常用的方法是_____。

A. 光切法　　　　　　　B. 针描法　　　　　　　C. 干涉法　　　　　　　D. 比较法

四、简答题

1. 表面粗糙度的含义是什么？它与形状误差有何区别？

2. 表面粗糙度对零件的功能有何影响？

3. 为什么要规定取样长度和评定长度？两者之间的关系如何？

4. 表面粗糙度国家标准中规定了哪些评定参数？它们各有什么特点？

五、综合应用

解释图 5-13 所示零件表面粗糙度标注符号的含义。

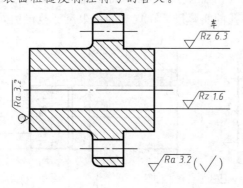

图　5-13

第6章　光滑极限量规

学习目标

1. 认识光滑极限量规。

2. 会正确使用光滑极限量规并检验零件是否合格。

为了保证孔、轴的互换性，除了必须在设计时按其使用要求规定相应的几何参数公差以外，还必须对完工的孔、轴进行检测。在生产中，对孔、轴的尺寸检验主要有两种方法：即普通计量器具检验和光滑极限量规检验。

用普通计量器具可以测量出孔、轴的实际尺寸，便于了解产品质量情况，并能对生产过程进行分析和控制，这种方法多用于单件、小批量生产中的检测；用光滑极限量规检验只能判断孔、轴的实际尺寸是否在规定的极限尺寸范围以内，以确定该工件的尺寸是否合格，但不能测量出其实际尺寸的具体数值。这种方法简便、迅速、可靠，一般用于大批量生产中的质量控制。

6.1　光滑极限量规的应用

光滑极限量规一般是通规（端）和止规（端）成对使用的。其中通规，用代号 T 表示，用来检验孔（轴）的实际尺寸是否超越最大实体尺寸；止规，用代号 Z 表示，用来检验孔（轴）的实际尺寸是否超越最小实体尺寸。

检验孔径的光滑极限量规称为塞规，如图 6-1 所示。其通规按被测孔的最大实体尺寸（即下极限尺寸）制造，止规按孔的最小实体尺寸（即上极限尺寸）制造。使用时，塞规的通规通过被测孔，表示被测孔径大于下极限尺寸；塞规的止规塞不进被测孔，表示被测孔径小于上极限尺寸，即说明孔的实际尺寸在规定的极限尺寸范围内，被测孔合格。

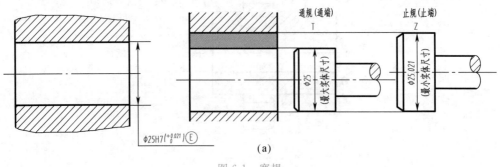

(a)

图 6-1　塞规

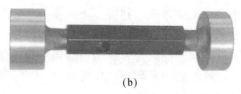

(b)

图 6-1　塞规（续）

　　同理，检验轴径的光滑极限量规称为卡规或环规，如图 6-2 所示。其通规按被测轴的最大实体尺寸（即上极限尺寸）制造，止规按轴的最小实体尺寸（即下极限尺寸）制造。使用时，卡规的通规能顺利通过被测轴，表示被测轴径比上极限尺寸小；卡规的止规不能通过被测轴，表示被测轴径比下极限尺寸大，即说明轴的实际尺寸在规定的极限尺寸范围内，被测轴是合格的。

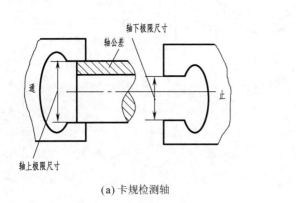

(a) 卡规检测轴

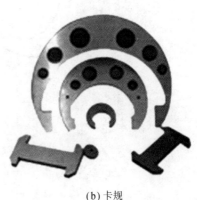

(b) 卡规

图 6-2　卡规

　　由于工件在加工中存在尺寸误差和形状误差，采用光滑极限量规检验工件，通规控制工件的作用尺寸，止规控制工件的实际尺寸，保证了工件的合格性。综上所述，量规检验工件时，如果通规能通过，而止规不能通过，就表示该工件合格，否则不合格。

6.2　量规的工作形式

　　光滑极限量规的通规在理论上应为全形规，即尺寸为最大实体尺寸，且其轴向长度应与被测工件相同。若通规为不全形规，可能造成检验错误。如图 6-3 所示，轴的作用尺寸已超过最大实体尺寸，为不合格件。若用不全形通规来判断，有可能造成误判，将不合格品判为合格品。

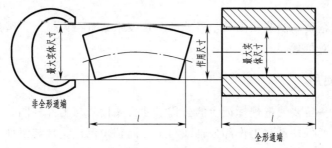

图 6-3　通规形状对检验的影响

光滑极限量规的止规在理论上应为两点状的（不全形规），否则也会造成检验错误。如图 6-4 所示，轴的 $I-I$ 位置处的实际尺寸已超过最小实体尺寸，为不合格件。若用全形止规检验时，却使该轴不能通过，而判断其为合格品，造成判断失误。

以上分析可知，理论上，通规应为全形规，止规应为不全形规。但在实际应用中，由于量规的制造和使用方便等原因，允许通规的长度小于结合长度；止规也常用小平面、圆柱面或球面代替。

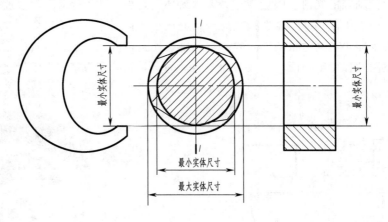

图 6-4 止规形状对检验的影响

6.3 量规的分类与使用

6.3.1 量规的分类

量规按用途分为：工作量规、验收量规和校对量规三种。

（1）工作量规。工作量规是工人在生产过程中检验工件用的量规。它的通端和止端分别用 T 和 Z 表示。

（2）验收量规。验收量规是检验部门或用户验收产品时使用的量规。

（3）校对量规。校对量规是校对轴用工作量规的量规。因为工作量规在制造或使用过程中常会发生碰撞、变形，且通规经常通过零件容易磨损，所以轴向工作量规必须进行定期校对。

孔用工作量规虽然也需定期校对，但可很方便地用通用量仪检测，故不规定专用的校对量规。

由于校对量规精度高制造较困难，目前的测量技术又有很大提高，因此在实际应用中逐步用量块来代替校对量规。

6.3.2 量规的使用

（1）使用时，一定要使量规标记上的公称尺寸公差代号与工件相同。

（2）检验时，要保持量规工作部分轴线与工件同轴，保证量规与工件间均匀的接触力。

（3）保持量规与被检工件表面洁净，以免影响检验结果。

（4）量规使用时应轻拿轻放，不要磕碰量规的工作表面，使用后，应擦净、涂油，妥善保管。

<h1 style="text-align:center">小　　结</h1>

本章主要介绍光滑极限量规的使用方法，一类为通用计量器具，如游标卡尺、千分尺、各种指示表，比较仪等。它们是有刻度的量具，能测出工件的实际尺寸和大小，从而判断工件是否在允许尺寸范围内；而另一类为量规，它是一种无刻度的专用检验工具，只能确定工件是否在允许的极限尺寸范围内，不能测出工件的实际尺寸，这种量规称为光滑极限量规。

<h1 style="text-align:center">复习与思考</h1>

一、填空题

1. 光滑极限量规是成对使用的，其中一个称为_____，用代号_____表示；另一个称为_____，用代号_____表示。

2. 检验孔径的光滑极限量规称为_____。使用时，其通规通过被测孔，表示被测孔径大于_____；其止规塞不进被测孔，表示被测孔径小于_____，即说明孔的实际尺寸在规定的极限尺寸范围内，被测孔是合格的。

3. 检验轴径的光滑极限量规称为_____，若其通规能顺利滑过被测轴，表示被测轴径小于_____；若其止规滑不进被测轴，表示被测轴径大于_____，即说明轴的实际尺寸在规定的极限尺寸范围内，被测轴是合格的。

二、选择题

1. 检查孔径的光滑极限量规为_____，检查轴径的光滑极限量规为_____。

A. 塞规、卡规（环规）　　　　　B. 卡规（环规）、塞规

C. 通规、止规　　　　　　　　　D. 止规、通规

2. 光滑极限量规的通规在理论上应为_____，即尺寸为_____。

A. 全形规、最小实体尺寸　　　　B. 不全形规、最小实体尺寸

C. 不全形规、最大实体尺寸　　　D. 全形规、最大实体尺寸

三、简答题

1. 如何使用光滑极限量规检测零件的合格性？

2. 光滑极限量规的通规和止规分别检验工件的什么尺寸？

第7章 键、花键连接的公差与检测

📝 学习目标

1. 认识常用的键连接。
2. 能识读图样上标注的平键和花键公差的含义。
3. 会测量平键的尺寸误差和几何误差。
4. 会使用常见的平键和花键专用量规。

7.1 概　　述

键、花键连接广泛应用于轴与轴上传动件（齿轮、带轮、联轴器等）之间的连接，用来传递扭矩和运动，其结构形式如图 7-1 所示。这种连接属于可拆卸连接，常用于经常拆卸和便于装配之处。

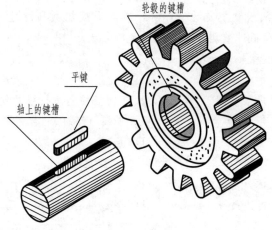

轮毂的键槽

平键

轴上的键槽

图 7-1　键连接

键连接分为单键连接和花键连接两类。

1. 单键连接

这类连接键的种类很多，主要可分为平键、半圆键、楔键和切向键，如图 7-2 所示。其中平键连接结构简单、制造和装卸方便，轴与轮毂的对中性好，应用最为广泛。本书只介绍平键连接的公差和测量。

2. 花键连接

花键根据其结构不同分为矩形花键、渐开线花键和三角形花键等，如图 7-3 所示。与单键相比，它具有强度高、承载能力强、定心精度高、导向性好的特性。矩形花键的键侧面为平面，容易加工，所以应用最广。本书只介绍矩形花键连接的公差和测量。

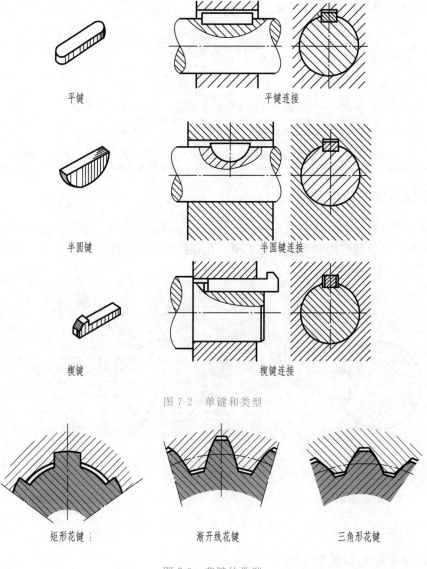

图 7-2 单键和类型

矩形花键　　　　渐开线花键　　　　三角形花键

图 7-3　花键的类型

7.2　平键连接的公差与检测

7.2.1　平键连接的尺寸公差

平键连接由键、轴槽和轮毂槽三部分组成。键的两侧面同时与轴和轮毂两个零件的键槽侧面形成配合。因此，键和键槽的宽度 b 是配合的主要参数，如图 7-4 所示。键相当于"轴"，键槽相当于"孔"。一般情况下，键与轴槽配合较紧，键与轮毂槽配合较松，相当

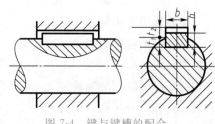

图 7-4　键与键槽的配合

于一个轴与两个孔配合，因此采用基轴制配合。根据不同用途的需要，国家标准对键槽和轮毂槽规定了三种公差带，其配合性质及应用如表 7-1 所示。

表 7-1　键和键槽的配合

配合种类	尺寸 b 的公差			配合性质及应用
	键	轴槽	轮毂槽	
松连接		H9	D10	键在轴上及轮毂中均能滑动。主要用于导向平键
正常连接	h9	N9	JS9	键在轴上及轮毂中均固定。用于载荷不大的场合
较紧连接		P9	P9	键在轴上及轮毂中均固定牢固，用于载荷较大，有冲击和双向扭矩的场合

7.2.2　平键连接的几何公差

为了保证键与键槽具有良好的装配性，键的工作面负荷均匀，国家标准对轴键槽对称面相对于轴的轴线、轮毂键槽对称面相对于中心孔轴线，均有对称度公差要求，其标注示例如图 7-5，对称度公差一般取 7～9 级。

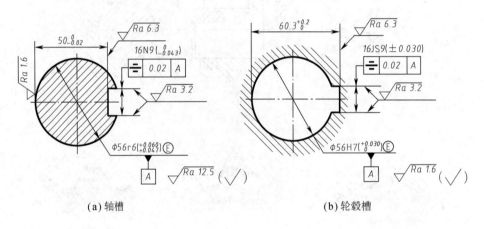

(a) 轴槽　　　　　　　　　　　　　　(b) 轮毂槽

图 7-5　键槽在图样中标注示例

7.2.3　平键连接的表面粗糙度

键和键槽配合面的粗糙度参数 Ra 值一般为 $1.6～3.2\ \mu m$，非配合面的表面粗糙度参数 Ra 值一般为 $6.3～12.5\ \mu m$，其标注示例如图 7-5 所示。

7.2.4　平键的测量

键连接需要测量的主要项目有：键和键槽宽度、键槽的深度以及键槽的位置度误差。

（1）键槽宽度的测量。在小批生产时，可用游标卡尺或千分尺测量；在大批生产时，则用极限量规检验。如表 7-2 中列出了检验键槽宽度 b 用的板式塞规。

（2）键槽深度的测量。在小批量生产时，多用外径千分尺来测量轴键槽的深度，用游标卡尺或内径千分尺测量轮毂槽的深度；在大批量生产时，则用极限量规检验。如表 7-2 中列出了检验轮毂槽深的轮毂槽深级式量规、检验轴槽深度的量规。

（3）对称度的检验。在单件小批量生产时，键槽对称度的测量可用分度头、V 形块和指示表进行。在大量和成批生产时，轴槽的对称度检验可用表 7-2 所给出的量规，该量规为带有中心柱的 V 形块，只要通端量规能通过轴槽即为合格。轮毂槽的对称度检验可用表 7-2 中所示的量规，该量规能塞入孔内即为合格。

表 7-2　键槽检验用量规

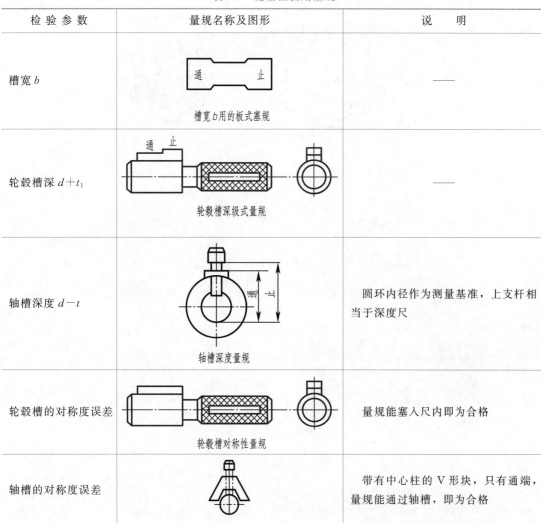

检 验 参 数	量规名称及图形	说　明
槽宽 b	槽宽 b 用的板式塞规	—
轮毂槽深 $d+t_1$	轮毂槽深级式量规	—
轴槽深度 $d-t$	轴槽深度量规	圆环内径作为测量基准，上支杆相当于深度尺
轮毂槽的对称度误差	轮毂槽对称性量规	量规能塞入尺内即为合格
轴槽的对称度误差		带有中心柱的 V 形块，只有通端，量规能通过轴槽，即为合格

7.3　矩形花键连接的公差与检测

7.3.1　矩形花键的尺寸公差

花键连接是花键孔（内花键）和花键轴（外花键）组成的。国家标准规定，矩形花键的键数为偶数，常用的有 6、8、10 三种。

矩形花键的主要尺寸有大径 D 和小径 d 及键宽 B，如图 7-6 所示。花键连接有三种定心方式：大径定心、小径定心和键槽宽定心。在国家标准 GB/T 1144—2001《矩形花键　尺寸、公差和检验》中，明确了以小径定心的方式。因此，花键连接的配合性质由小径配合性质所决定，通常小径 d 的公差等级高于相应大径 D 和键宽 B 的公差等级。内外花键尺寸公差带如表 7-3 所示。

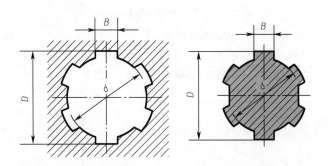

图 7-6　内、外花键的主要尺寸

表 7-3　内、外花键的尺寸公差带

内花键				外花键			装配形式
d	D	B		d	D	B	
		拉削后不热处理	拉削后热处理				
一　般　用							
H7	H10	H9	H11	f7		d10	滑动
				g7	all	f9	紧滑动
				h7		h10	固定
内花键				外花键			装配形式
d	D	B		d	D	B	
		拉削后不热处理	拉削后热处理				
精　密　传　动　用							
H5	H10	H7、H9		f5	all	d8	滑动
				g5		f7	紧滑动
				h5		h8	固定
H6				f6		d8	滑动
				g6		f7	紧滑动
				h6		h8	固定

注：1. 精密传动用的内花键，当需要控制键侧配合间隙时，槽宽可选 H7，一般情况下可选 H9；
　　2. d 为 H6 和 H7 的内花键，允许与提高一级的外花键配合。

7.3.2　矩形花键的几何公差

在矩形花键的连接中，对小径表面对应的轴线采用包容原则，如图 7-7 所示。即用小径的尺寸公差控制小径表面的形状误差；对键（或键槽）的对称面规定位置度公差，控制花键的分度误差，同时采用最大实体原则以保证内、外花键的可装配性。

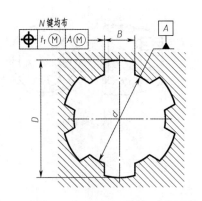 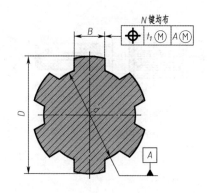

图 7-7　矩形花键位置度公差标注示例

7.3.3　矩形花键的表面粗糙度

对于内花键，小径表面粗糙度 $Ra\leqslant0.8\ \mu m$，键槽侧面 $Ra\leqslant3.2\ \mu m$，大径表面 $Ra\leqslant 6.3\ \mu m$；对于外花键，小径表面粗糙度 $Ra\leqslant0.8\ \mu m$，键槽侧面 $Ra\leqslant0.8\ \mu m$，大径表面 $Ra\leqslant3.2\ \mu m$。

7.3.4　矩形花键的标记

矩形花键在图样上的标注内容为：键数 N、小径 d、大径 D、键（槽）宽 B 的公差带代号，并注明矩形花键的标准号。

例如，花键副：$6\times23\dfrac{H7}{f7}\times26\dfrac{H10}{a11}\times6\dfrac{H11}{d10}$　　GB/T　1144—2001

内花键：$6\times23H7\times26H10\times6H11$　　　　GB/T　1144—2001

外花键：$6\times23f7\times26a11\times6d10$　　　　　GB/T　1144—2001

7.3.5　花键的检验

矩形花键的检验包括尺寸检验和几何公差的检验。一般情况下采用矩形花键综合量规检验。

（1）内花键的检验。花键综合塞规可以同时检验小径、大径、键槽宽、大径对小径的同轴度和键槽的位置度（等分度和对称度）等项目，以保证其配合要求和安装要求。花键综合塞规如图7-8（a）所示，其形状与被测内花键相对应。用单项止端塞规分别检验小径、大径、键槽宽，以保证其尺寸不超过上极限尺寸。

（2）外花键的检验。花键综合环规可以同时检验小径、大径、键宽、大径对小径的同轴度和花键的位置度（等分度和对称度）等项目，以保证其配合要求和安装要求。花键综合环规如图7-8（b）所示，其形状与被测外花键相对应。用单项止端卡板分别检验小径、大径、键宽，以保证其实际尺寸不小于其下极限尺寸。

综合量规只有通规，当检验时，综合量规通过，单项止端量规不通过，则花键合格。花键单项量规如图7-9所示。

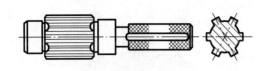
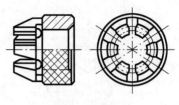

(a) 花键塞规   (b) 花键环规

图 7-8　内、外花键的综合量规

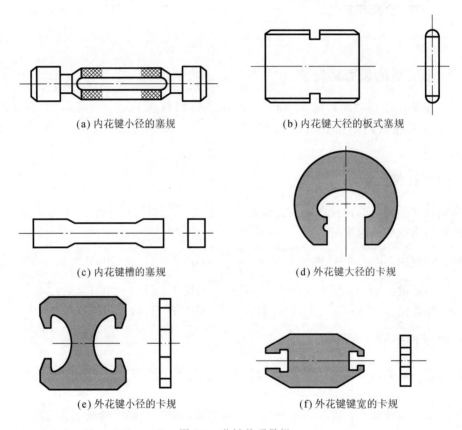

(a) 内花键小径的塞规　　　　　　(b) 内花键大径的板式塞规

(c) 内花键槽的塞规　　　　　　(d) 外花键大径的卡规

(e) 外花键小径的卡规　　　　　　(f) 外花键键宽的卡规

图 7-9　花键单项量规

小　结

  本章主要介绍键的用途，键连接的分类，平键配合的互换性，平键的测量，矩形花键的尺寸公差，几何公差的标注与检验。同时，介绍了常用的内、外花键的综合量规和花键单项量规。

复习与思考

一、填空题

1. 平键连接是通过键的_____与轴槽和轮毂槽的_____形成配合的，因此配合的主要参数是_____。

2. 键是标准件，在键与键槽的配合中，键相当于_____，键槽相当于_____，配合采用基_____制。

3. 键槽宽度的测量在小批生产时，可用_____测量；在大批生产时，则用_____检验。

4. 花键连接可以有三种定心方式：即_____、_____和_____，国家标准规定_____方式，所以花键连接的配合性质由_____配合性质所决定。

二、判断题

1. 平键连接中，键与键槽的配合采用基轴制。 （   ）

2. 平键的工作面是上、下两面。 （   ）

3. 表面粗糙度对键配合性质的稳定性和使用寿命影响不大。 （   ）

4. 键槽的位置公差主要是指键槽侧面与底面的垂直度误差。 （   ）

5. 矩形花键的定心方式，按国家标准规定采用大径定心。 （   ）

三、选择题

1. 标准对平键的键宽尺寸 b 规定有_____公差带。

A. 一种   B. 二种   C. 三种

2. 平键连接中宽度尺寸 b 的不同配合是依靠改变_____公差带的位置来获得。

A. 轴槽和轮毂槽宽度   B. 键宽

C. 轴槽宽度   D. 轮毂槽宽度

3. 平键的_____是配合尺寸。

A. 键宽和槽宽   B. 键高和槽深   C. 键长和槽长

4. 在平键的连接中，轴槽采用的是_____配合。

A. 基孔制   B. 基轴制   C. 非基准制

四、简答题

1. 平键连接的特点是什么？它的配合尺寸是指哪个参数？采用何种配合制度？

2. 在平键连接中，为什么标准对键宽只规定了一种公差带 h9，面键槽宽则规定了三种公差带？

3. 平键连接中有哪些几何公差要求？

4. 花键定心有几种方式？国家标准规定为哪种方式定心？

五、综合应用

试说明标注为花键 $6 \times 23 \frac{H7}{g7} \times 26 \frac{H10}{a11} \times 6 \frac{H11}{f9}$ GB/T   1144—2001 的全部含义。

第8章　普通螺纹连接的公差与检测

📓 学习目标

1. 认识常用的螺纹连接。
2. 能理解普通螺纹公差带的概念。
3. 能识读图样上的螺纹标记的含义。
4. 会对螺纹进行单项测量和综合测量。

螺纹是机器上常见的结构要素，对机器的质量有着重要影响。螺纹除要在材料上保证其强度外，对其几何精度也应提出相应要求，国家颁布了有关标准，以保证其几何精度。

8.1　概　　述

8.1.1　螺纹的种类

无论在机械制造还是日常生活中，螺纹的应用都十分广泛。螺纹常用于紧固连接、密封、传递力与运动等。不同用途的螺纹对其几何精度要求也不一样。螺纹若按牙型分，有三角形螺纹、梯形螺纹、锯齿形螺纹三种。按其用途可分为三类。

（1）紧固螺纹。用于连接和紧固零件，是使用最广泛的一种螺纹连接。对这种螺纹的主要要求是可旋合性和连接的可靠性。本节只讨论最常用的普通螺纹。

（2）传动螺纹。用于传递动力或精确位移，如丝杆等。对这种螺纹的主要要求是传递动力的可靠性或传动比的稳定性，同时要求保证有一定的间隙，以便传动和储存润滑油。

（3）紧密螺纹。用于密封的螺纹连接，如圆柱管螺纹和圆锥管螺纹，对这种螺纹的主要要求是结合紧密、不漏水、气或油。

8.1.2　普通螺纹几何参数

普通螺纹的基本牙型如图 8-1 所示，它是内外螺纹共有的理论牙型。

普通螺纹的基本几何参数有：

（1）大径（d 或 D）。与外螺纹牙顶或内螺纹的牙底相切的假想圆柱的直径称为大径。国家标准规定，普通螺纹大径的基本尺寸为螺纹的公称直径。图 8-2 所示为普通外螺纹的直径。

（2）小径（d_1 或 D_1）。与外螺纹牙底或内螺纹的牙顶相切的假想圆柱的直径称为小径。

（3）中径（d_2 或 D_2）。中径是一个假想圆柱的直径，该圆柱的母线通过牙型上沟槽和凸起宽相等的地方。

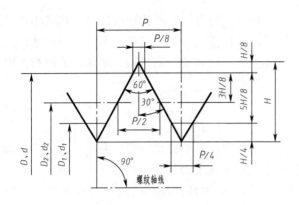

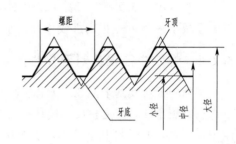

图 8-1 普通螺纹的基本牙型　　　　　　　　图 8-2 普通外螺纹的直径

（4）螺距（P）与导程（Ph）。螺距是指相邻两牙在中径线上对应两点间的轴向距离。导程是指同一条螺旋线上，相应两牙在中径上对应两点之间的轴向距离。螺距与导程的关系为

$$Ph = P \cdot n \quad (n \text{ 为螺纹的线数})$$

（5）牙型角（α）和牙型半角（$\alpha/2$）。牙型角是指通过螺纹轴线剖面内的螺纹牙型上相邻两牙侧间的夹角。对于普通螺纹牙型角 $\alpha = 60°$，牙型半角是指牙侧与螺纹轴线的间的夹角，普通螺纹牙型半角 $\alpha/2 = 30°$（图 8-1）。

（6）螺纹旋合长度。两个相互配合的螺纹沿螺纹轴线方向相互旋合部分的长度称为螺纹旋合长度。

8.2　螺纹的几何误差对螺纹互换性的影响

从互换性角度来看，影响螺纹互换性的几何参数有大径、小径、中径、螺距和牙型角。

8.2.1　大径和小径误差对互换性的影响

由于螺纹旋合后主要接触面是牙侧，螺纹的牙顶和牙底之间一般不接触，故大径和小径的误差对螺纹互换性的影响较小。

8.2.2　螺距误差对互换性的影响

螺距误差使内、外螺纹的结合发生干涉，不但影响旋合性，而且在旋合长度内使实际接触的牙数减少，影响螺纹连接的可靠性。螺距误差包括局部误差和累积误差，前者与旋合长度无关，后者与旋合长度有关。其中螺距的累积误差是影响互换性的主要参数。

螺距累计误差可以换算成中径的补偿值，称为螺距误差的中径当量，用 f_p（F_p）表示。假设内螺纹为理想牙型，外螺纹存在螺距误差，为了保证旋合，外螺纹中径必须减小一个 f_p，同理有螺距误差的内螺纹与理想外螺纹旋合时，内螺纹中径必须增加一个 F_p。

8.2.3 牙侧角误差对互换性的影响

牙侧角误差使内、外螺纹旋合时发生干涉，影响可旋合性，并使螺纹接触面积减小，从而降低连接强度。牙侧角误差也可以换算成中径的补偿值，称为牙侧角误差的中径当量，用 f_a（F_a）表示。在实际生产中，为了使具有牙侧角误差的螺纹达到可旋合要求，采用把外螺纹中径减小一个 f_a 或把内螺纹中径增加一个 F_a 的办法。

8.2.4 螺纹中径误差对互换性的影响

实际中径对其基本中径之差称为中径误差。当外螺纹的中径比内螺纹中径大时，就会影响螺纹的旋合性；与之相反，则使配合过松而影响连接强度的可靠性和紧密性。另外，内螺纹中径过大，外螺纹中径过小，也会影响内、外螺纹的机械强度。因此中径误差必须加以限制。

综上所述，在影响螺纹互换性的五个参数中，除了大径和小径外，螺距误差和牙侧角误差均可换算成中径的补偿值，因此中径误差、螺距误差和牙侧角误差可以用中径公差综合控制。所以，国家标准只规定了一个中径公差，而没有单独规定螺距公差和牙侧角公差。

8.3 普通螺纹的公差

8.3.1 螺纹公差带的概念

国家标准《普通螺纹 公差》（GB/T 197—2003）规定，普通螺纹的公差带以基本牙型为零线，沿着螺纹牙型的牙侧、牙顶、牙底分布，在垂直于螺线轴线方向计量大、中、小径的偏差和公差。与一般尺寸公差带相似，螺纹公差带由相对于基本牙型的位置和大小组成，如图 8-3 所示。国家标准只规定了中径、顶径的公差带，没有规定底径的公差，底径的尺寸由工艺来保证。

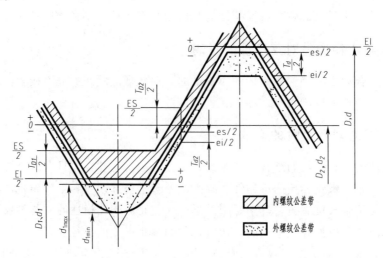

图 8-3　螺纹公差带

8.3.2 螺纹的公差等级及基本偏差

（1）公差等级。公差等级决定公差带的大小，即公差值。普通螺纹的公差等级如表8-1所示。内、外螺纹的顶径和中径公差见附录表 A-3 和附录表 A-4。

表 8-1　普通螺纹的公差等级

内螺纹	小径（顶径）	D_1	4，5，6，7，8
	中径	D_2	
外螺纹	大径（顶径）	d	4，6，8
	中径	d_2	3，4，5，6，7，8，9

（2）基本偏差。基本偏差决定公差带的位置，它是指公差带起始点离开基本牙型的距离。国家标准对内螺纹规定了两种基本偏差，其代号为 G、H，如图 8-4 所示，图中 T_{D1}、T_{D2} 分别为小径、中径公差。对外螺纹规定了四种基本偏差，其代号为 e、f、g、h，如图 8-5 所示，图中 T_d、T_{d2} 分别为大径、中径公差。

内、外螺纹中径、顶径的基本偏差相同，其数值见附录表 A-5。

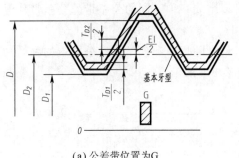

(a) 公差带位置为G

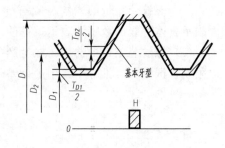

(b) 公差带位置为H

图 8-4　内螺纹公差带位置

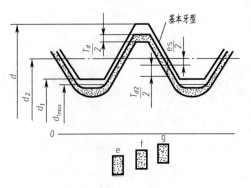

(a) 公差带位置为e、f和g

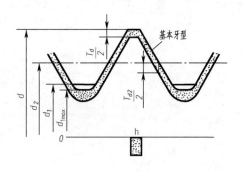

(b) 公差带位置为h

图 8-5　外螺纹公差带的位置

8.3.3　螺纹精度与旋合长度

螺纹精度由螺纹公差带和旋合长度构成，其关系如图 8-6 所示。国家标准对普通螺纹连接规定了短、中等、长三种旋合长度，分别用 S、N、L 表示，一般情况采用中等旋合长度。螺纹旋合长度见附录表 A-6。

根据不同使用场合，国家标准中将螺纹分为精密、中等、粗糙三种精度等级。精密级用于精密螺纹，在要求配合性质变动较小时采用；中等级用于一般用途的螺纹；粗糙级用于对精度要求不高或制造比较困难及大尺寸的螺纹。

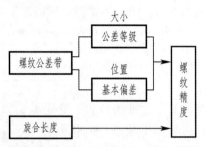

图 8-6　螺纹公差带、旋合长度与螺纹精度的关系

8.3.4　螺纹公差带的代号及选用

（1）螺纹公差带的代号。公差等级和基本偏差可以组成各种不同的公差带。公差带代号由表示公差等级的数字和表示偏差的字母组成，如 6H，5g。

（2）螺纹公差带的选用。在生产中为了减少刀、量具的规格和数量，对公差带的种类加以限制，国家标准推荐了常用的公差带，如表 8-2 及表 8-3 所示。

表 8-2　内螺纹的选用公差带（GB/T 197—2003）

精度	公差带位置 G			公差带位置 H		
	S	N	L	S	N	L
精密	—	—	—	4H	5H	6H
中等	(5G)	6G	(7G)	* 5G	6H	* 7H
粗糙	—	(7G)	(8G)	—	7H	8H

表 8-3　外螺纹的选用公差带（GB/T 197—2003）

精度	公差带位置 e			公差带位置 f			公差带位置 g			公差带位置 h		
	S	N	L	S	N	L	S	N	L	S	N	L
精密	—	—	—	—	—	—		(4g)	(5g4g)	(3h4h)	* 4h	(5h4h)
中等	—	* 6e	(7e6e)	—	* 6f			(5g6g)	6g	(7g6g)	(5h6h)	6h	(7h6h)
粗糙	—	(8e)	(9e8e)	—	—				8g	(9g8g)	—	—	—

注：① 为了保证足够的接触高度，建议用 H/g、H/h 或 G/h 配合；

② 大量生产的精制紧固螺纹，推荐采用带方框的公差带；

③ 带 * 的公差带应优先选用，不带 * 的公差带其次选用，加括号的公差带尽量不用。

8.3.5　螺纹在图样上的标记

单个螺纹的完整标记由螺纹代号、公称直径、螺距、公差带代号、旋合长度代号或数值、旋向组成。

（1）当螺纹是粗牙普通螺纹时，螺距省略不标。

（2）当螺纹为右旋螺纹时不标注旋向，左旋螺纹加注 LH 字样。

（3）中径和顶径（外螺纹大径、内螺纹小径）相同时，只注写一个公差代号。

（4）螺纹旋合长度为中等时，省略不标。

（5）最常用的中等公差精度螺纹（公称直径≤1.4 mm 的 5H、6g 和公称直径≥1.6 mm 的 6H 和 6g），不标注公差带代号（简化标注）。

【例 8-1】 解释螺纹标记 M16—5g6g—S 的含义。

解：粗牙普通螺纹，公称直径 16，右旋，中径、顶径公差带分别为 5g、6g，短旋合长度的外螺纹。

【例 8-2】 解释螺纹标记 M20×2—LH 的含义。

解：细牙普通螺纹，公称直径 20，螺距 2，左旋，中径、顶径公差带均为 6H，中等旋合长度的内螺纹。

螺纹副配合的标记，其内、外螺纹的公差带代号用斜线分开。以上简化标注同样适用于螺纹副标记，但内、外螺纹的公差带代号并非同为中等精度时，则不能简化，如 M20—6H/5g6g。

8.4　螺纹的检测

螺纹的检测方法可分为综合测量和单项测量两类。

8.4.1　综合测量

用普通螺纹量规检测螺纹属于综合测量。在成批生产中，普通螺纹均采用综合量法，其特点是检测效率较高，但不能测出参数的具体数值。

图 8-7 为检测外螺纹的螺纹环规及光滑极限卡规示意图；图 8-8 为检测内螺纹的螺纹塞规及光滑极限塞规的示意图。光滑极限卡规和塞规只检测螺纹顶径的合格性。卡规用来控制外螺纹大径的极限尺寸，塞规用来控制内螺纹小径的极限尺寸。卡规和塞规均有通端和止端，成对使用，它们用于加工螺纹之前的工序检测。

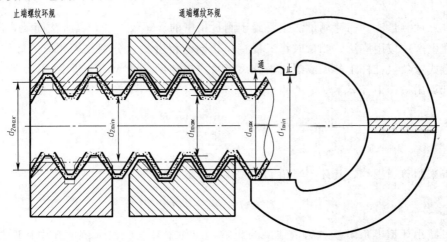

图 8-7　外螺纹的综合检测

普通螺纹量规分为通端和止端。检验时，通端能顺利与工件旋合，止端不能旋合或不完全旋合，则螺纹为合格。反之，通端不能旋合，则说明螺母过小，螺栓过大，螺纹应予修退。当止端与工件能旋合，则表示螺母过大，螺栓过小，螺纹是废品。

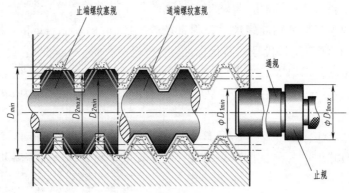

图 8-8　内螺纹的综合检验

8.4.2　单项测量

在单件、小批量生产中，特别是在精密螺纹生产中，一般都采用单项测量。常用的测量方法有：

（1）用螺纹千分尺测量外螺纹中径，此法适用于低精度螺纹的测量。螺纹千分尺的结构与普通外径千分尺相似，其测量杆上安装了适用于不同螺纹牙型和不同螺距的、成对配套的测量头，如图 8-9 所示。

图 8-9　螺纹千分尺

（2）三针测量法。三针测量法主要用于测量精密的外螺纹中径，其方法简便，测量精度高，故在生产中应用广泛。测量时将三根直径相同的精密量针分别放入相应的螺纹牙槽中，再用接触式量仪（杠杆千分尺或螺纹千分尺等）测出辅助尺寸 M 值，如图 8-10 所示。然后按公式计算出被测中径 d_2：

$$d_2 = M - d_0 \left(1 + \frac{1}{\sin \frac{\alpha}{2}} \right) + \frac{P}{2} \cot \frac{\alpha}{2}$$

对于米制普通螺纹，其牙型半角 $\alpha/2 = 30°$，代入上式得

$$d_2 = M - 3d_0 + \frac{\sqrt{3}}{2} P$$

为了减小牙型半角误差对测量结果的影响。应使量针与螺纹牙侧面在中径圆柱面上接触。此时量针为最佳量针，对于普通螺纹来说最佳量针的直径为：

$$d_0 = \frac{P}{2 \cos\left(\frac{\alpha}{2}\right)}$$

$$d_0 = 0.577P$$

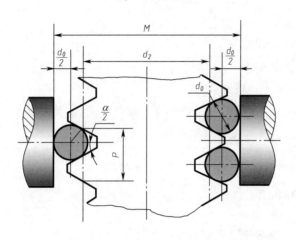

图 8-10　三针测量法原理图

小　结

　　本章主要介绍螺纹的种类、普通螺纹的基本几何参数、螺纹的几何误差对螺纹互换性的影响，普通螺纹的极限与配合螺纹的检验。

复习与思考

一、填空题

　　1. 影响螺纹互换性的主要参数有_____、_____和_____。

　　2. 国家标准对内螺纹规定了_____种基本偏差，其代号为_____和_____；对外螺纹规定了_____种基本偏差，其代号分别为_____、_____、_____和_____。

　　3. 国家标准对普通螺纹连接规定了_____、_____、_____三种旋合长度，分别用_____、_____、_____表示，一般情况采用_____。

　　4. 螺纹的国家标准中按不同旋合长度给出_____、_____、_____三种精度。

　　5. 国家标准对内、外螺纹的_____和_____均有公差等级的规定。

　　6. M10×1—5g6g—S 的含义：M10_____，1_____，5g_____，6g_____，S_____。

二、判断题

　　1. 螺纹中径是影响螺纹互换性的主要参数。　　　　　　　　　　　　　　　（　　　）

　　2. 国家标准对普通螺纹除规定中径公差外，还规定了螺距公差和牙型半角公差。

　　　　　　　　　　　　　　　　　　　　　　　　　　　　　　　　　　（　　　）

3. 普通螺纹的配合精度与公差等级和旋合长度有关。 （　　）

三、选择题

1. 可以用普通螺纹中径公差限制_____。

A. 大径误差　　　　　　B. 牙型半角误差　　　　C. 小径误差

2. M20×2－7h/6h－L，此螺纹标注中 6h 为_____。

A. 外螺纹大径公差带代号　　　　　　　　　B. 内螺纹中径公差带代号

C. 外螺纹小径公差带代号　　　　　　　　　D. 外螺纹中径公差带代号

3. M20×2－7h/6h－L，此螺纹为_____。

A. 公制细牙普通螺纹　　　B. 公制粗牙普通螺纹　　　C. 英制螺纹

4. 螺纹公差带是以_____的牙型公差带。

A. 基本牙型的轮廓为零线　　　　　　　　　B. 中径线为零线

C. 大径线为零线　　　　　　　　　　　　　D. 小径线为零线

5. _____是内螺纹的公称直径。

A. 内螺纹大径的公称尺寸

B. 内螺纹中径的公称尺寸

C. 内螺纹小径的公称尺寸

6. 普通螺纹的配合精度取决于_____。

A. 公差等级与基本偏差

B. 基本偏差与旋合长度

C. 公差等级和旋合长度

D. 公差等级、基本偏差和旋合长度

四、简答题

1. 影响螺纹互换性的主要因素有哪些？

2. 试述普通螺纹的基本几何参数有哪些？

五、综合应用

一对螺纹配合代号为 M20—6H/5g6g，解释其含义并查表确定内、外螺纹的基本中径、小径和大径的公称尺寸和极限偏差。

第9章　圆柱齿轮传动的公差与检测

学习目标

1. 知道单个齿轮的偏差项目名称和齿轮的检验项目。
2. 能识读图样上标注的齿轮精度的含义。

在机械产品中，齿轮传动的应用是极为广泛的。凡有齿轮传动的机器或仪器，其工作性能、承载能力、使用寿命及工作精度等都与齿轮本身的制造精度有密切关系。因此，研究齿轮误差对使用性能的影响，探讨提高齿轮加工和测量精度的途径，并制定出相应的精度标准，有重要的意义。国家标准 GB/T 10095.1—2008《圆柱齿轮　精度制　第 1 部分：轮齿同侧齿面偏差的定义和允许值》和 GB/T 10095.2—2008《圆柱齿轮　精度制　第 2 部分：径向综合偏差与径向跳动的定义和允许值》等规定了单个渐开线圆柱齿轮轮齿同侧齿面的精度。本节介绍相关内容的同时，将新国家标准的内容融入其中。

9.1　概　　述

9.1.1　圆柱齿轮传动的使用要求

各种机械上所用的齿轮，对齿轮传动的使用要求可分为传动精度和齿侧间隙两个方面，归纳起来有以下四项：

（1）传递运动的准确性。要求齿轮在一转的过程中，将最大的转角误差限制在一定的范围内，以保证从动件与主动件运动协调一致。

（2）传动的平稳性。要求齿轮传动瞬间，传动比变化不大。因为瞬间传动比的突然变化会引起齿轮冲击，产生噪声和振动。

（3）载荷分布的均匀性。要求齿轮啮合时，齿面接触良好，以免引起应力集中，造成齿面局部磨损，影响齿轮的使用寿命。

（4）传动侧隙。要求齿轮啮合时，非工作齿面间应具有一定的间隙。这个间隙对于储藏润滑油、补偿齿轮传动受力后的弹性变形、热膨胀以及补偿齿轮及齿轮传动装置其他元件的制造误差、装配误差都是必要的。否则齿轮在传动过程中可能卡死或烧伤。但是，侧隙也不宜过大，对于经常需要正反转的传动齿轮副，侧隙过大会引起换向冲击，产生空程。所以，应合理确定侧隙的数值。

9.1.2　齿轮误差的来源

在齿轮加工中，最主要的加工方法按照齿廓的形成原理分为仿形法和范成法两类。前者用成型铣刀在铣床上铣齿；后者用滚刀在滚齿机上滚齿，如图 9-1 所示。在滚齿机上产生加工误差的主要因素如下：

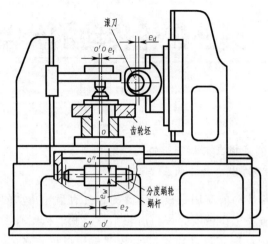

$o-o$ 机床工作台回转轴线，$o'-o'$ 工件孔轴线，$o''-o''$ 分度蜗轮几何轴线

图 9-1　滚齿机加工齿轮示意图

（1）几何偏心。这是由于齿轮孔的几何中心（$o-o$）与齿轮加工时的旋转中心（$o'-o'$）不重合而引起的。

（2）运动偏心。这是由于分度蜗轮的加工误差（主要是齿距累积误差）及安装偏心所引起的。

（3）机床传动链的高频误差。加工直齿轮时，受分度传动链的传动误差（主要是分度蜗杆的径向跳动和轴向窜动）的影响；加工斜齿轮时，除分度传动链外，还受差动传动链的传动误差的影响。

（4）滚刀的安装误差和加工误差。滚刀的安装误差和加工误差，如滚刀的径向跳动、轴向窜动和齿型角误差等。

9.2　单个齿轮的公差与检测

9.2.1　轮齿同侧齿面偏差

1. 齿距偏差

（1）单个齿距偏差（f_{pt}）：在端平面上接近齿高中部与齿轮轴线同心的圆上，实际齿距与理论齿距的代数差称为单个齿距偏差。如图 9-2 所示，虚线代表理论轮廓，实线代表实际轮廓。齿距偏差主要影响运动平稳性。

（2）齿距累积偏差（F_{pk}）：是任意 k 个齿距的实际弧长与理论弧长的代数差，如图 9-2 所示。理论上它等于这 k 个齿距的单个齿距偏差的代数和。k 一般为 2 到小于 $z/8$ 的整数。齿距累积偏差主要影响运动平稳性。

（3）齿距累积总偏差（F_p）：是指齿轮同侧齿面任意圆弧段（$k=1$ 至 $k=z$）内的最大齿

距累积偏差。齿距累积总偏差主要影响运动准确性。

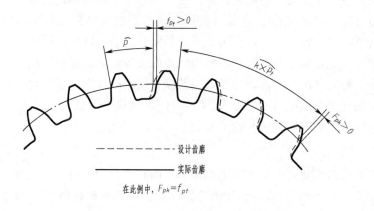

图 9-2 单个齿距偏差和齿距累积偏差

测量齿距偏差的方法很多，常用的是在齿距仪或万能测齿仪上用相对法测量。测量时，首先以被测齿轮上任意实际齿距作为基准，将仪器指示表调零，然后沿整个齿圈依次测出其他实际齿距与作为基准的齿距的差值，经过数据处理可以同时求得 f_{pt}、F_{pk}、F_p。

 相关链接

齿轮传动质量与齿轮的制造与安装精度有密切的关系。因此，正确地选择齿轮和齿轮副的公差，并进行合理的检测十分重要，右图照片是齿轮厂在加工齿轮过程中用齿圈径向跳动仪对齿轮径向跳动进行测量。

2. 齿廓偏差

齿廓偏差是实际轮廓偏离设计轮廓的量。在端平面内且垂直于渐开线齿廓的方向计值。

（1）轮廓总偏差（F_α）。表示在计值范围内，包容实际轮廓迹线的两条设计齿廓迹线间的距离。

*（2）齿廓形状偏差（$f_{f\alpha}$）。表示在计值范围内，包容实际齿廓迹线的两条与平均齿廓迹线完全相同的曲线间的距离，且两条曲线与平均齿廓迹线的距离为常数。

*（3）齿廓倾斜偏差（$f_{H\alpha}$）。表示在计值范围的两端与平均齿廓迹线相交的两条设计轮廓迹线的距离。

齿廓偏差主要影响运动的平稳性。标准中规定齿廓形状偏差（$f_{f\alpha}$）和齿廓倾斜偏差（$f_{H\alpha}$）不是必检项目。齿廓偏差常用展成法测量。

3. 切向综合偏差

（1）切向综合总偏差（F_i'）。它是指被测齿轮与理想精确齿轮做单面啮合传动时，在被测齿轮一转中，齿轮分度圆上实际圆周位移与理论圆周位移的最大差值，它以分度圆弧长计

值。即在齿轮单面啮合情况下测得的齿轮一转内转角误差的总幅度值，该误差是几何偏心、运动偏心加工误差的综合反映，因而是评定齿轮传递运动准确性的最佳综合评定指标。

（2）一齿切向综合偏差（f_i'）。它是指被测齿轮与理想精确齿轮做单面啮合时，在被测齿轮一个齿距角内，实际转角与设计转角之差的最大幅度值，以分度圆弧长计值。一齿切向综合偏差反映齿轮工作时引起振动、冲击和噪声等的高频运动误差的大小，它直接和齿轮的工作性能相联系，是齿廓偏差、齿距等各项误差综合结果的反映，是综合性指标。

切向综合偏差是在单面啮合综合检查仪（简称单啮仪）上进行测量的，单啮仪结构复杂，价格昂贵。标准规定它们不是必检项目。

＊4．螺旋线偏差

螺旋线偏差是在端面基圆切线方向上测得的实际螺旋线偏离设计螺旋线的量。

（1）螺旋线总偏差（F_β）。表示在计值范围内，包容实际螺旋线迹线的两条设计螺旋线迹线间的距离。

（2）螺旋线形状偏差（$f_{f\beta}$）。表示在计值范围内，包容实际螺旋线迹线的两条与平均螺旋线迹线完全相同的曲线间的距离，且两条曲线与平均螺旋线迹线的距离为常数。

（3）螺旋线倾斜偏差（$f_{H\beta}$）。表示在计值范围的两端与平均螺旋线迹线相交的设计螺旋线迹线间的距离。

螺旋线偏差反映了轮齿在齿向方面的误差，主要影响载荷分布的均匀性，用于评定轴向重合度大于 1.25 的宽斜齿轮及人字齿轮，它适用于传递功率大、速度高的高精度宽斜齿轮的传动要求。螺旋线偏差常用展成法测量。

9.2.2 径向综合偏差和径向跳动

1．径向综合偏差

（1）径向综合总偏差（F_i''）。表示产品齿轮与理想精确的测量齿轮双面啮合时，在被测齿轮一转范围内，双啮中心距的最大值与最小值之差。用双面啮合仪进行测量，反映齿轮在一转范围内的径向误差，主要影响运动的准确性。

（2）一齿径向综合偏差（f_i''）。表示产品齿轮与理想精确的测量齿轮双面啮合时，在被测齿轮一齿距角内双啮中心距的最大变动量，主要影响运动平稳性。

径向综合偏差测量时是双面啮合，它引起的误差对齿轮误差的揭示不如切向综合偏差全面，但因双面啮合仪比单啮仪操作方便，故在大批生产中，常作为辅助检测项目。

2．径向跳动

轮齿的径向跳动（F_r）是指测头在齿轮旋转时逐齿地放置于每个齿槽中，相对于齿轮的基准轴线的最大和最小径向位置之差。径向跳动也是反映在齿轮一转范围内径向方向起作用的误差，与径向综合总偏差的性质相似。所以，如果已经检测 F_i''，就不必再检测 F_r。

9.2.3 齿厚偏差和公法线长度偏差

齿厚偏差是指在分度圆柱面上，实际齿厚与设计齿厚之差。对于标准齿轮，公称齿厚就是齿距的一半。为了获得齿轮啮合时的齿侧间隙，通常采用减薄齿厚的方法，齿厚偏差是评价齿侧间隙的一项指标。它不在上述两个标准的范围内，而是在 GB/Z 18620.2—2002 中介绍的。齿厚通常用齿轮游标卡尺测量,如图9-3所示。测量时,把垂直游标卡尺钉在分度圆弦齿高上,然后用水平游标尺量出分度圆弦齿厚,量出的齿厚实际值与公称值之差就是齿厚偏差。

公法线长度偏差是指齿轮一转范围内,各部位的公法线的平均值与设计值之差,如图9-4所示。公法线长度偏差可以反映齿轮加工时分度蜗轮中心与工作台中心不重合时产生的运动偏心,可用它作为评定齿轮传递运动准确性的一项指标,该指标适用于滚齿加工的齿轮。图9-4所示为公法线千分尺。

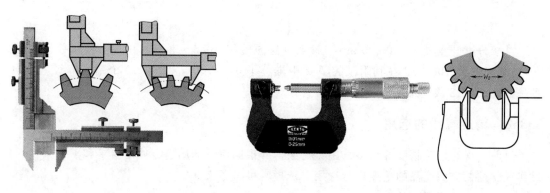

图 9-3　齿厚测量　　　　　　　　　　　图 9-4　公法线千分尺

9.2.4　齿轮检验项目的确定

根据 GB/T 10095.1—2008 和 GB/T 10095.2—2008 两项标准,齿轮的检验可分为单项检验和综合检验,综合检验又分为单面啮合综合检验和双面啮合综合检验。齿轮的检验项目可参看表 9-1。

表 9-1　齿轮的检验项目

单项检验项目	综合检验项目	
$f_{f\alpha}$、$f_{f\beta}$	单面啮合综合检验	双面啮合综合检验
齿距偏差 f_{pt}、F_{pk}、F_p	切向综合总偏差 F_i'	径向综合总偏差 F_i''
齿廓总偏差 F_α	一齿切向综合偏差 f_i'	一齿径向综合偏差 f_i''
螺旋线总偏差 F_β	——	——
齿厚偏差 f	——	——
径向跳动 F_r	——	——

9.3　齿轮的精度及应用

9.3.1　齿轮的精度等级

1. 轮齿同侧齿面偏差的精度等级

GB/T 10095.1—2008 对轮齿同侧齿面偏差,即要素偏差(如齿距、齿廓、螺旋线等)和切向综合偏差的公差,规定了 13 个精度等级,其中 0 级是最高级,12 级是最低级。

GB/T 10095.2—2008 对径向综合公差 F_i'' 和 f_i'' 规定了 9 个精度等级，其中 4 级是最高级，12 级是最低级；径向跳动公差值规定了 13 个精度等级，其中，0 级是最高级，12 级是最低级。

2. 径向综合偏差

对于分度圆直径 5～1 000 mm，模数（法向模数）0.2～10 mm 的渐开线圆柱齿轮的径向综合偏差 F_i'' 和一齿径向综合偏差 f_i''，GB/T 10095.2 规定了 4，5，…，12 共 9 个精度等级。其中，4 级是最高级，12 级是最低级。

3. 径向跳动

对于分度圆直径 5～10 000 mm、模数（法向模数）0.5～70 mm 的渐开线圆柱齿轮的径向跳动，GB/T 10095.2 在其附录表 A-2 中推荐了 0，1，…，12 共 13 个精度等级。其中 0 级是最高级，12 级是最低级。

9.3.2 精度等级的选用

目前，确定齿轮精度等级多采用类比法，即根据齿轮的用途、使用要求和工作条件，经过实践验证的类似产品的精度进行选用。选择时可参考表 9-2。

选择时应注意下面几点：

（1）了解各级精度应用的大体情况。在标准规定的 13 个精度等级中，0～2 级为超精度级，用的很少；3～5 级为高精度级；6～9 级为中等精度级，使用最广；10～12 级为低精度级。

（2）根据使用要求，轮齿同侧齿面各项偏差的精度等级可以相同，也可以不同。

（3）径向综合总偏差、一齿径向综合偏差及径向跳动的精度等级应相同，但它们与轮齿同侧齿面偏差的精度等级可以相同，也可以不相同。

表 9-2 不同应用场合的齿轮所采用的精度等级

应用场合	精度等级	应用场合	精度等级
测量齿轮	2～5	航空发动机	4～7
汽轮机齿轮	3～5	拖拉机	6～10
精密切削机床	3～7	一般用途减速机	6～8
一般切削机床	4～8	轧钢机	5～10
内燃机或电力机车	5～8	起重机械	6～9
轻型汽车	5～8	地质矿山机械	6～10
载重汽车	6～9	农业机械	7～11

在齿轮检验时，没有必要对 14 个项目全部进行检测，标准规定必检项目为：齿距累积总偏差 F_p、单个齿距偏差 f_{pt}、齿廓总偏差 F_α 和螺旋线总偏差 F_β，它们分别控制运动的准确性、平稳性和接触均匀性。此外，还应检验齿厚偏差 f 以控制齿轮副侧隙。

9.3.3 齿轮精度的标注

国家标准规定，齿轮的公差或极限偏差分为 Ⅰ、Ⅱ、Ⅲ 三个公差组（见表 9-3），在齿轮工作图上，应标注齿轮的精度等级和齿厚极限偏差的字母代号（或数值）。

表 9-3 齿轮公差组

公差组	公差与极限偏差项目	对传动性能的主要影响
Ⅰ	F_i' F_p F_{px} F_1'' F_r F_w	传递运动的准确性
Ⅱ	f' f_i'' f_r $\pm f_{pt}$ $\pm f_{fb}$ $f_{f\beta}$	传动的平稳性（噪声、振动）
Ⅲ	F_β F_b $\pm F_{px}$	载荷分布的均匀性

标注示例：

(1) 齿轮的三个公差组均为 7 级，其齿厚上极限偏差为 G，下极限偏差为 M。

$$6\left(\begin{matrix}-0.320\\-0.410\end{matrix}\right) \text{GB/T 10095}—2008$$

┗━━ 齿厚上、下偏差
┗━━ 第Ⅰ、Ⅱ、Ⅲ公差组的精度等级

(2) 齿轮第Ⅰ公差组精度为 7 级，第Ⅱ公差组精度为 6 级，第Ⅲ公差组精度为 6 级，齿厚上极限偏差为 F，齿厚下极限偏差为 L。

$$7\ 6\ 6\ F\ L\ \ \text{GB/T 10095}—2008$$

┗━━ 齿厚下极限偏差
┗━━ 齿厚上极限偏差
┗━━ 第Ⅲ公差组的精度等级
┗━━ 第Ⅱ公差组的精度等级
┗━━ 第Ⅰ公差组的精度等级

(3) 齿轮的三个公差组均为 6 级，其齿厚上极限偏差为 −0.320，下极限偏差为 −0.410。

$$6\left(\begin{matrix}-0.320\\-0.410\end{matrix}\right) \text{GB/T 10095}—2008$$

┗━━ 齿厚上、下偏差
┗━━ 第Ⅰ、Ⅱ、Ⅲ公差组的精度等级

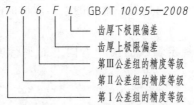 相关链接

齿轮精度（GB/T 10095—2008）新标准介绍：

新标准对齿轮精度等级在图上的标注未作明确规定，只说明在文件需要叙述齿轮精度要求时，应注明 GB/T 10095.1 或 GB/T—10095.2。

例如：(1) 若齿轮轮齿同侧齿面各检验项目同为某一级精度等级时（7 级），应标注：

7 GB/T 10095.1 或 7 GB/T 10095.2—2008

(2) 若齿轮的检验项目精度等级不同，如齿廓总偏差 F_α 为 6 级，齿距累积总偏差 F_p 和螺旋线总偏差 F_β 均为 7 级，应标注：

6 (F_α)、7 (F_p、F_β) GB/T 10095.1—2008

(3) 若检验径向综合偏差，径向综合总偏差 F_i'' 和一齿径向综合偏差 f_i'' 均为 7 级，应标注为：

7 (F_i''、f_i'') GB/T 10095.2

9.4　齿轮副的公差

上面所讨论的是单个齿轮的加工误差，除此之外，齿轮副的安装误差同样影响齿轮传动的使用性能，因此对这类误差也要加以控制。齿轮副的公差及要求应在指导性文件中规定。

9.4.1　轴线平行度偏差

除单个齿轮的加工误差影响齿面的接触精度外，齿轮副轴线的平行度偏差同样影响接触精度，如图 9-5 所示。

（1）轴线平面内的轴线平行度偏差 $f_{\Sigma\delta}$：即一对齿轮的轴线在两轴线公共平面内投影的平行度偏差。偏差最大推荐值为 $f_{\Sigma\delta}=(L/b)F_{\beta}$；

（2）垂直平面内的轴线平行度偏差 $f_{\Sigma\beta}$：即一对齿轮的轴线在两轴线公共平面的垂直平面上投影的平行度偏差。偏差最大推荐值为 $f_{\Sigma\beta}=0.5(L/b)F_{\beta}$。

基准平面是包含基准轴线，并通过另一轴线的中点所形成的平面。齿轮副的两条轴线中的任何一条均可选作基准轴线。

为保证载荷分布均匀，应规定轴线的两个方向上的平行度公差为 $f_{\Sigma\delta}=2f_{\Sigma\beta}$ 和 $f_{\Sigma\beta}=0.5(L/b)F_{\beta}$（式中 b 为齿宽）。

9.4.2　中心距偏差

中心距偏差（f_a）是指在齿轮副的齿宽中间平面内，实际中心距与公称中心距之差，如图 9-5 所示。齿轮副的中心距偏差会影响齿轮工作时的侧隙，当实际中心距小于公称中心距时，会使工作时的侧隙减小。其允许值（极限偏差 $\pm f_a$）的确定要考虑很多因素，如齿轮是否经常反转、工作温度、对运动准确性要求的程度等。

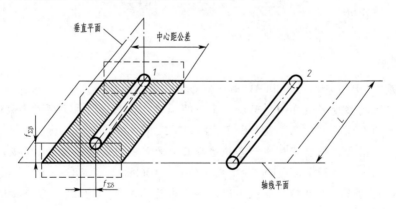

图 9-5　轴线平行度偏差和中心距公差

9.4.3　接触斑点

接触斑点是指安装好的齿轮副在轻微制动下，运转后齿面上分布的接触擦亮痕迹。它是齿轮接触精度的综合评定指标，它的大小在齿面展开图上用百分数计算。

9.4.4　齿轮副法向侧隙及齿厚极限偏差

齿轮副法向侧隙（j_{bh}）是齿轮副在传动中，工作齿面相互接触时，非工作齿面之间的最小距离。

最小法向侧隙（j_{bnmin}）是当一个齿轮的轮齿以最大允许实效齿厚与另一个也具有最大允许实效齿厚的相配齿轮在最紧的允许中心距相啮合时，在静态条件下的最小允许侧隙。用来补偿零件的制造、安装误差以及润滑、温度的影响。通常通过经验法、查表法和计算法来确定。

齿厚极限偏差中齿厚上极限偏差 Esns 是齿厚的最小减薄量，在中心距确定的情况下，齿厚上极限偏差决定了齿轮的最小侧隙；齿厚下极限偏差 Esni 影响最大侧隙，一般情况下最大侧隙并不影响传递运动的性能，因此在很多场合允许较大的齿厚公差以求获得较大的经济制造成本。

9.5　齿轮公差新旧国家标准对比

GB/T 10095—2008 与 GB/T 10095—1988 的对照如表 9-4 所示。

表 9-4　新旧标准对照

序　号	GB/T 10095—2008	GB/T 10095—1988
1	偏差项目	
1.1	齿距偏差	
1.1.1	单个齿距偏差 f_{pt} 单个齿距极限偏差 $\pm f_{pt}$	齿距偏差 Δf_{pt} 齿距极限偏差 $\pm f_{pt}$
1.1.2	齿距累积偏差 F_{pk} 齿距累积极限偏差 $\pm F_{pk}$	k 个齿距累积误差 ΔF_{pk} k 个齿距累积公差 F_{pk}
1.1.3	齿距累积总偏差 F_p 齿距累积总公差 F_p	齿距累积误差 ΔF_p 齿距累积公差 F_p
1.2	齿廓偏差	
1.2.1	齿廓形状偏差 $f_{f\alpha}$ 齿廓形状公差 $F_{f\alpha}$	——
1.2.2	齿廓倾斜偏差 $f_{h\alpha}$ 齿廓倾斜极限偏差 $\pm f_{h\alpha}$	——
1.2.3	齿廓总偏差 F_α 齿廓总公差 F_α 注：规定了计值范围	齿形误差 Δf_f 齿形公差 f_f
1.3	螺旋线偏差	
1.3.1	螺旋线形状偏差 $f_{f\beta}$ 螺旋线形状公差 $f_{f\beta}$	——

极限配合与技术测量（第二版）

124

序　号	GB/T 10095—2008	GB/T 10095—1988
1.3.2	螺旋线倾斜偏差 $f_{h\beta}$ 螺旋线倾斜极限偏差 $\pm f_{h\beta}$	——
1.3.3	螺旋线总偏差 F_β 螺旋线总公差 F_β 注：规定了计值范围，公差与 b/d 均有关	齿向误差 ΔF_β 齿向公差 F_β
1.4	切向综合偏差	
1.4.1	切向综合总偏差 F_i' 切向综合总公差 F_i'	切向综合误差 $\Delta F_i'$ 切向综合公差 F_i'
1.4.2	一齿切向综合偏差 f_i' 一齿切向综合公差 f_i'	一齿切向综合误差 $\Delta f_i'$ 一齿切向综合公差 f_i'
1.5	径向综合偏差	
1.5.1	径向综合总公差 F_i'' 径向综合总公差 F_i''	径向综合误差 $\Delta F_i''$ 径向综合公差 F_i''
1.5.2	一齿径向综合偏差 f_i'' 一齿径向综合公差 f_i''	一齿径向综合误差 $\Delta f_i''$ 一齿径向综合公差 f_i''
1.6	径向跳动 F_r 径向跳动公差 F_r	齿圈径向跳动 ΔF_r 齿圈径向跳动公差 F_r
1.7	——	公法线长度变动量 ΔF_w 公法线长度变动公差 F_w
1.8	——	接触线误差 ΔF_b 接触线公差 F_b
1.9	齿厚偏差（见 GB/Z 18620.2，未推荐数值） 齿厚上极限偏差 E_{sns} 齿厚下极限偏差 E_{sni}	齿厚偏差 ΔE_s（规定 14 个字母代号） 齿厚上极限偏差 E_{ss} 齿厚下极限偏差 E_{si}
2	齿轮副的检验和公差	
2.1	轴线平行度	
2.1.1	轴线平面内的轴线平行度误差 $f_{\Sigma\delta}=2f_{\Sigma\beta}$	X 方向的轴线平行度误差 Δf_x X 方向的轴线平行度公差 f_x
2.1.2	垂直平面上的轴线平行度误差 $f_{\Sigma\beta}=0.5\,(L/b)\,F_\beta$	Y 方向的轴线平行度误差 Δf_y Y 方向的轴线平行度公差 f_y
2.2	中心距偏差 （GB/T 18620.3，没有公差仅有说明）	齿轮副中心距偏差 Δf_a 齿轮副中心距极限偏差 $\pm f_a$
2.3	接触斑点	齿轮副的接触斑点
2.4	齿轮副法向侧隙 j_{bn} 最小法向侧隙 j_{bnmin} 最大法向侧隙 j_{bnmax}	齿轮副法向侧隙 j_n 最小法向极限侧隙 j_{nmin} 最大法向极限侧隙 j_{nmax}

序 号	GB/T 10095—2008	GB/T 10095—1988
3	精度等级与公差组	
3.1	轮齿同侧齿面偏差 GB/T 10095.1 规定了 0~12 共 13 个精度等级；径向综合偏差 GB/T 10095.2 规定了 4~12 共 9 个精度等级；径向跳动的精度等级推荐了 13 个精度等级	规定了从 1~12 级共 12 个等级
3.2	——	将齿轮各项公差和极限偏差分成三个公差组
4	齿轮检验	
	GB/T 10095.1 规定 f'_i、F'_i、f_{fa}、f_{ha}、$f_{h\beta}$、$f_{f\beta}$ 等不是必检项目，GB/T 10095.2 提示：使用 F_r 公差表需协商一致	根据齿轮副的使用要求和生产规模在各公差组中，选定检验组来检验和验收齿轮的精度

注：旧国家标准（1988）中对误差和公差分别设置了两套代号，如代号 Δf_f 表示齿形误差，而 f_f 表示齿形公差，使用方便，但在新国家标准中（2001、2008 版）对偏差和公差仅设置一套代号，如代号 F_α 既表示齿廓总偏差，又表示齿廓总公差，为此建议在代号后加下标 act，如 $F_{\alpha act}$ 表示齿廓总偏差的测量值。

小　结

本章主要介绍圆柱齿轮传动的使用要求，单个齿轮的偏差项目及其检测，齿轮的精度等级及其应用，齿轮精度等级在图样上的标注及齿轮精度新标准的简介。

复习与思考

一、填空题

按 GB/T 10095.1—2008 的规定，国家标准对渐开线圆柱齿轮除了对径向综合公差 F''_i 和 f''_i 规定了 9 个精度等级，其余的评定项目规定了 _____ 个精度等级，其中 _____ 级精度最高，_____ 级精度最低。0 ~ 2 级为超精度级；_____ 为高精度级；_____ 为中等精度级，使用最广；10~12 级为低精度级。

二、判断题

1. 在齿轮检验时，必须对所有项目进行检测。（　　）

2. 将齿廓总偏差作为评定齿轮传动平稳性的综合指标。（　　）

3. 根据使用要求，轮齿同侧齿面各项偏差的精度等级必须相同。（　　）

三、简答题

1. 齿轮传动有哪些使用要求？

2. 比较下列偏差项目的异同点。

(1) F''_i 和 f''_i　(2) F'_i 和 f'_i　(3) F_{pt}、F_{pk}、F_p

3. 国家标准对齿轮精度等级是如何规定的？目前主要用什么方法选择齿轮的精度？

四、综合应用

试述下列标注的含义:

(1) 7 (F_α、f_{pt})、8 (F_p、F_β) GB/T 10095.1。

(2) 8 (F_i''、f_i'') GB/T 10095.2。

附 录 A

表 A-1　轴的极限偏差　　　　　　　　　　　　　　　　单位：μm

基本尺寸/mm		公差带 a					公差带 b					公差带 c				
大于	至	9	10	11	12	13	9	10	11	12	13	8	9	10	11	12
—	3	-270/-295	-270/-310	-270/-330	-270/-370	-270/-410	-140/-165	-140/-180	-140/-200	-140/-240	-140/-280	-60/-74	-60/-85	-60/-100	-60/-120	-60/-160
3	6	-270/-300	-270/-318	-270/-345	-270/-390	-270/-450	-140/-170	-140/-188	-140/-215	-140/-260	-140/-320	-70/-88	-70/-100	-70/-118	-70/-145	-70/-190
6	10	-280/-316	-280/-338	-280/-370	-280/-430	-280/-500	-150/-186	-150/-208	-150/-240	-150/-300	-150/-370	-80/-102	-80/-116	-80/-138	-80/-170	-80/-230
10	14	-290/-333	-290/-360	-290/-400	-290/-470	-290/-560	-150/-193	-150/-220	-150/-260	-150/-330	-150/-420	-95/-122	-95/-138	-95/-165	-95/-205	-95/-275
14	18	-290/-333	-290/-360	-290/-400	-290/-470	-290/-560	-150/-193	-150/-220	-150/-260	-150/-330	-150/-420	-95/-122	-95/-138	-95/-165	-95/-205	-95/-275
18	24	-300/-352	-300/-384	-300/-430	-300/-510	-300/-630	-160/-212	-160/-244	-160/-290	-160/-370	-160/-490	-110/-143	-110/-162	-110/-194	-110/-240	-110/-320
24	30	-300/-352	-300/-384	-300/-430	-300/-510	-300/-630	-160/-212	-160/-244	-160/-290	-160/-370	-160/-490	-110/-143	-110/-162	-110/-194	-110/-240	-110/-320
30	40	-310/-372	-310/-410	-310/-470	-310/-560	-310/-700	-170/-232	-170/-270	-170/-330	-170/-420	-170/-560	-120/-159	-120/-182	-120/-220	-120/-280	-120/-370
40	50	-320/-382	-320/-420	-320/-480	-320/-570	-320/-710	-180/-242	-180/-280	-180/-340	-180/-430	-180/-570	-130/-169	-130/-192	-130/-230	-130/-290	-130/-380
50	65	-340/-414	-340/-460	-340/-530	-340/-640	-340/-800	-190/-264	-190/-310	-190/-380	-190/-490	-190/-650	-140/-186	-140/-214	-140/-260	-140/-330	-140/-440
65	80	-360/-434	-360/-480	-360/-550	-360/-660	-360/-820	-200/-274	-200/-320	-200/-390	-200/-500	-200/-660	-150/-196	-150/-224	-150/-270	-150/-340	-150/-450
80	100	-380/-467	-380/-520	-380/-600	-380/-730	-380/-920	-220/-307	-220/-360	-220/-440	-220/-570	-220/-760	-170/-224	-170/-257	-170/-310	-170/-390	-170/-520
100	120	-410/-497	-410/-550	-410/-630	-410/-760	-410/-950	-240/-327	-240/-380	-240/-460	-240/-590	-240/-780	-180/-234	-180/-267	-180/-320	-180/-400	-180/-530
120	140	-460/-560	-460/-620	-460/-710	-460/-860	-460/-1 090	-260/-360	-260/-420	-260/-510	-260/-660	-260/-890	-200/-263	-200/-300	-200/-360	-200/-450	-200/-600
140	160	-520/-620	-520/-680	-520/-770	-520/-920	-520/-1 150	-280/-380	-280/-440	-280/-530	-280/-680	-280/-910	-210/-273	-210/-310	-210/-370	-210/-460	-210/-610
160	180	-580/-680	-580/-740	-580/-830	-580/-980	-580/-1 210	-310/-410	-310/-470	-310/-560	-310/-710	-310/-940	-230/-293	-230/-330	-230/-390	-230/-480	-230/-630
180	200	-660/-775	-660/-845	-660/-950	-660/-1 120	-660/-1 380	-340/-455	-340/-525	-340/-630	-340/-800	-340/-1 060	-240/-312	-240/-355	-240/-425	-240/-530	-240/-700
200	225	-740/-855	-740/-925	-740/-1 030	-740/-1 200	-740/-1 460	-380/-495	-380/-565	-380/-670	-380/-840	-380/-1 100	-260/-332	-260/-375	-260/-445	-260/-550	-260/-720
225	250	-820/-935	-820/-1 005	-820/-1 110	-820/-1 280	-820/-1 540	-420/-535	-420/-605	-420/-710	-420/-880	-420/-1 140	-280/-352	-280/-395	-280/-465	-280/-570	-280/-740
250	280	-920/-1 050	-920/-1 130	-920/-1 240	-920/-1 440	-920/-1 730	-480/-610	-480/-690	-480/-800	-480/-1 000	-480/-1 290	-300/-381	-300/-430	-300/-510	-300/-620	-300/-820
280	315	-1 050/-1 180	-1 050/-1 260	-1 050/-1 370	-1 050/-1 570	-1 050/-1 860	-540/-670	-540/-750	-540/-860	-540/-1 060	-540/-1 350	-330/-411	-330/-460	-330/-540	-330/-650	-330/-850
315	355	-1 200/-1 340	-1 200/-1 430	-1 200/-1 560	-1 200/-1 770	-1 200/-2 090	-600/-740	-600/-830	-600/-960	-600/-1 170	-600/-1 490	-360/-449	-360/-500	-360/-590	-360/-720	-360/-930
355	400	-1 350/-1 490	-1 350/-1 580	-1 350/-1 710	-1 350/-1 920	-1 350/-2 240	-680/-820	-680/-910	-680/-1 040	-680/-1 250	-680/-1 570	-400/-489	-400/-540	-400/-630	-400/-760	-400/-970
400	450	-1 500/-1 655	-1 500/-1 750	-1 500/-1 900	-1 500/-2 130	-1 500/-2 470	-760/-915	-760/-1 010	-760/-1 160	-760/-1 390	-760/-1 730	-440/-537	-440/-595	-440/-690	-440/-840	-440/-1 070
450	500	-1 650/-1 805	-1 650/-1 900	-1 650/-2 050	-1 650/-2 280	-1 650/-2 620	-840/-995	-840/-1 090	-840/-1 240	-840/-1 470	-840/-1 810	-480/-577	-480/-635	-480/-730	-480/-880	-480/-1 110

注：基本尺寸小于 1 mm 时，各级的 a 和 b 均不采用。

附录 A

基本尺寸/mm		公差带													
		c	d					e					f		
大于	至	13	7	8	9	10	11	6	7	8	9	10	5	6	7
—	3	−60 −200	−20 −30	−20 −34	−20 −45	−20 −60	−20 −80	−14 −20	−14 −24	−14 −28	−14 −39	−14 −54	−6 −10	−6 −12	−6 −16
3	6	−70 −250	−30 −42	−30 −48	−30 −60	−30 −78	−30 −105	−20 −28	−20 −32	−20 −38	−20 −50	−20 −68	−10 −15	−10 −18	−10 −22
6	10	−80 −300	−40 −55	−40 −62	−40 −76	−40 −98	−40 −130	−25 −34	−25 −40	−25 −47	−25 −61	−25 −83	−13 −19	−13 −22	−13 −28
10	14	−95 −365	−50 −68	−50 −77	−50 −93	−50 −120	−50 −160	−32 −43	−32 −50	−32 −59	−32 −75	−32 −102	−16 −24	−16 −27	−16 −34
14	18														
18	24	−110 −440	−65 −86	−65 −98	−65 −117	−65 −149	−65 −195	−40 −53	−40 −61	−40 −73	−40 −92	−40 −124	−20 −29	−20 −33	−20 −41
24	30														
30	40	−120 −510	−80 −105	−80 −119	−80 −142	−80 −180	−80 −240	−50 −66	−50 −75	−50 −89	−50 −112	−50 −150	−25 −36	−25 −41	−25 −50
40	50	−130 −520													
50	65	−140 −600	−100 −130	−100 −146	−100 −174	−100 −220	−100 −290	−60 −79	−60 −90	−60 −106	−60 −134	−60 −180	−30 −43	−30 −49	−30 −60
65	80	−150 −610													
80	100	−170 −710	−120 −155	−120 −174	−120 −207	−120 −260	−120 −340	−72 −94	−72 −107	−72 −126	−72 −159	−72 −212	−36 −51	−36 −58	−36 −71
100	120	−180 −720													
120	140	−200 −830	−145 −185	−145 −208	−145 −245	−145 −305	−145 −395	−85 −110	−85 −125	−85 −148	−85 −185	−85 −245	−43 −61	−43 −68	−43 −83
140	160	−210 −840													
160	180	−230 −860													
180	200	−240 −960	−170 −216	−170 −242	−170 −285	−170 −355	−170 −460	−100 −129	−100 −146	−100 −172	−100 −215	−100 −285	−50 −70	−50 −79	−50 −96
200	225	−260 −980													
225	250	−280 −1 000													
250	280	−300 −1 110	−190 −242	−190 −271	−190 −320	−190 −400	−190 −510	−110 −142	−110 −162	−110 −191	−110 −240	−110 −320	−56 −79	−56 −88	−56 −108
280	315	−330 −1 140													
315	355	−360 −1 250	−210 −267	−210 −299	−210 −350	−210 −440	−210 −570	−125 −161	−125 −182	−125 −214	−125 −265	−125 −355	−62 −87	−62 −98	−62 −119
355	400	−400 −1 290													
400	450	−440 −1 410	−230 −293	−230 −327	−230 −385	−230 −480	−230 −630	−135 −175	−135 −198	−135 −232	−135 −290	−135 −385	−68 −95	−68 −108	−68 −131
450	500	−480 −1 450													

基本尺寸/mm		公差带												
大于	至	f		g					h					
		8	9	4	5	6	7	8	1	2	3	4	5	6
—	3	−6 −20	−6 −31	−2 −5	−2 −6	−2 −8	−2 −12	−2 −16	0 −0.8	0 −1.2	0 −2	0 −3	0 −4	0 −6
3	6	−10 −28	−10 −40	−4 −8	−4 −9	−4 −12	−4 −16	−4 −22	0 −1	0 −1.5	0 −2.5	0 −4	0 −5	0 −8
6	10	−13 −35	−13 −49	−5 −9	−5 −11	−5 −12	−5 −20	−5 −21	0 −1	0 −1.5	0 −2.5	0 −4	0 −6	0 −9
10	14	−16 −43	−16 −59	−6 −11	−6 −14	−5 −17	−6 −24	−6 −33	0 −1.2	0 −2	0 −3	0 −5	0 −8	0 −11
14	18													
18	24	−20 −53	−20 −72	−7 −13	−7 −16	−7 −20	−7 −28	−7 −40	0 −1.5	0 −2.5	0 −4	0 −6	0 −9	0 −13
24	30													
30	40	−25 −64	−25 −87	−9 −16	−9 −20	−9 −25	−9 −34	−9 −48	0 −1.5	0 −2.5	0 −4	0 −7	0 −11	0 −16
40	50													
50	65	−30 −76	−30 −104	−10 −18	−10 −23	−10 −29	−10 −40	−10 −50	0 −2	0 −3	0 −5	0 −8	0 −13	0 −19
65	80													
80	100	−36 −90	−36 −123	−12 −22	−12 −27	−12 −34	−12 −47	−12 −66	0 −2.5	0 −4	0 −6	0 −10	0 −15	0 −22
100	120													
120	140	−43 −106	−43 −143	−14 −26	−14 −32	−14 −39	−14 −54	−14 −77	0 −3.5	0 −5	0 −8	0 −12	0 −18	0 −25
140	160													
160	180													
180	200	−50 −122	−50 −165	−15 −29	−15 −35	−15 −44	−15 −61	−15 −87	0 −4.5	0 −7	0 −10	0 −14	0 −20	0 −29
200	225													
225	250													
250	280	−56 −137	−56 −186	−17 −33	−17 −40	−17 −49	−17 −69	−17 −98	0 −6	0 −8	0 −12	0 −16	0 −23	0 −32
280	315													
315	355	−62 −151	−62 −202	−18 −36	−18 −43	−18 −54	−18 −75	−18 −107	0 −7	0 −9	0 −13	0 −18	0 −25	0 −36
355	400													
400	450	−68 −165	−68 −223	−20 −40	−20 −47	−20 −60	−20 −83	−20 −117	0 −8	0 −10	0 −15	0 −20	0 −27	0 −40
450	500													

附录 A

极限配合与技术测量（第二版）

基本尺寸 /mm		公差带												
		h							j			js		
大于	至	7	8	9	10	11	12	13	5	6	7	1	2	3
—	3	0 −10	0 −14	0 −25	0 −40	0 −60	0 −100	0 −140	—	+4 −2	+6 −4	±0.4	±0.6	±1
3	6	0 −12	0 −18	0 −30	0 −48	0 −75	0 −120	0 −180	+3 −2	+6 −2	+8 −4	±0.5	±0.75	±1.25
6	10	0 −15	0 −22	0 −36	0 −58	0 −90	0 −150	0 −220	+4 −2	+7 −2	+10 −5	±0.5	±0.75	±1.25
10	14	0 −18	0 −27	0 −43	0 −70	0 −110	0 −180	0 −270	+5 −3	+8 −3	+12 −6	±0.6	±1	±1.5
14	18	0 −18	0 −27	0 −43	0 −70	0 −110	0 −180	0 −270	+5 −3	+8 −3	+12 −6	±0.6	±1	±1.5
18	24	0 −21	0 −33	0 −52	0 −84	0 −130	0 −210	0 −330	+5 −4	+9 −4	+13 −8	±0.75	±1.25	±2
24	30	0 −21	0 −33	0 −52	0 −84	0 −130	0 −210	0 −330	+5 −4	+9 −4	+13 −8	±0.75	±1.25	±2
30	40	0 −25	0 −39	0 −62	0 −100	0 −160	0 −250	0 −390	+6 −5	+11 −5	+15 −10	±0.75	±1.25	±2
40	50	0 −25	0 −39	0 −62	0 −100	0 −160	0 −250	0 −390	+6 −5	+11 −5	+15 −10	±0.75	±1.25	±2
50	65	0 −30	0 −46	0 −74	0 −120	0 −190	0 −300	0 −460	+6 −7	+12 −7	+18 −12	±1	±1.5	±2.5
65	80	0 −30	0 −46	0 −74	0 −120	0 −190	0 −300	0 −460	+6 −7	+12 −7	+18 −12	±1	±1.5	±2.5
80	100	0 −35	0 −54	0 −87	0 −140	0 −220	0 −350	0 −540	+6 −9	+13 −9	+20 −15	±1.25	±2	±3
100	120	0 −35	0 −54	0 −87	0 −140	0 −220	0 −350	0 −540	+6 −9	+13 −9	+20 −15	±1.25	±2	±3
120	140	0 −40	0 −63	0 −100	0 −160	0 −250	0 −400	0 −630	+7 −11	+14 −11	+22 −18	±1.75	±2.5	±4
140	160	0 −40	0 −63	0 −100	0 −160	0 −250	0 −400	0 −630	+7 −11	+14 −11	+22 −18	±1.75	±2.5	±4
160	180	0 −40	0 −63	0 −100	0 −160	0 −250	0 −400	0 −630	+7 −11	+14 −11	+22 −18	±1.75	±2.5	±4
180	200	0 −46	0 −72	0 −115	0 −185	0 −290	0 −460	0 −720	+7 −13	+16 −13	+25 −21	±2.25	±3.5	±5
200	225	0 −46	0 −72	0 −115	0 −185	0 −290	0 −460	0 −720	+7 −13	+16 −13	+25 −21	±2.25	±3.5	±5
225	250	0 −46	0 −72	0 −115	0 −185	0 −290	0 −460	0 −720	+7 −13	+16 −13	+25 −21	±2.25	±3.5	±5
250	280	0 −52	0 −81	0 −130	0 −210	0 −320	0 −520	0 −810	+7 −16	—	—	±3	±4	±6
280	315	0 −52	0 −81	0 −130	0 −210	0 −320	0 −520	0 −810	+7 −16	—	—	±3	±4	±6
315	355	0 −57	0 −89	0 −140	0 −230	0 −360	0 −570	0 −890	+7 −18	—	+29 −28	±3.5	±4.5	±6.5
355	400	0 −57	0 −89	0 −140	0 −230	0 −360	0 −570	0 −890	+7 −18	—	+29 −28	±3.5	±4.5	±6.5
400	450	0 −63	0 −97	0 −155	0 −250	0 −400	0 −630	0 −970	+7 −20	—	+31 −32	±4	±5	±7.5
450	500	0 −63	0 −97	0 −155	0 −250	0 −400	0 −630	0 −970	+7 −20	—	+31 −32	±4	±5	±7.5

基本尺寸 /mm		公差带											
		js										k	
大于	至	4	5	6	7	8	9	10	11	12	13	4	5
—	3	±1.5	±2	±3	±5	±7	±12	±20	±30	±50	±70	+3 0	+4 0
3	6	±2	±2.5	±4	±6	±9	±15	±24	±37	±60	±90	+5 +1	+6 +1
6	10	±2	±3	±4.5	±7	±11	±18	±29	±45	±75	±110	+5 +1	+7 +1
10	14	±2.5	±4	±5.5	±9	±13	±21	±35	±55	±90	±135	+6 +1	+9 +1
14	18	±2.5	±4	±5.5	±9	±13	±21	±35	±55	±90	±135	+6 +1	+9 +1
18	24	±3	±4.5	±6.5	±10	±16	±26	±42	±65	±105	±165	+8 +2	+11 +2
24	30	±3	±4.5	±6.5	±10	±16	±26	±42	±65	±105	±165	+8 +2	+11 +2
30	40	±3.5	±5.5	±8	±12	±19	±31	±50	±80	±125	±195	+9 +2	+13 +2
40	50	±3.5	±5.5	±8	±12	±19	±31	±50	±80	±125	±195	+9 +2	+13 +2
50	65	±4	±6.5	±9.5	±15	±23	±37	±60	±95	±150	±230	+10 +2	+15 +2
65	80	±4	±6.5	±9.5	±15	±23	±37	±60	±95	±150	±230	+10 +2	+15 +2
80	100	±5	±7.5	±11	±17	±27	±43	±70	±110	±175	±270	+13 +3	+18 +3
100	120	±5	±7.5	±11	±17	±27	±43	±70	±110	±175	±270	+13 +3	+18 +3
120	140	±6	±9	±12.5	±20	±31	±50	±80	±125	±200	±315	+15 +3	+21 +3
140	160	±6	±9	±12.5	±20	±31	±50	±80	±125	±200	±315	+15 +3	+21 +3
160	180	±6	±9	±12.5	±20	±31	±50	±80	±125	±200	±315	+15 +3	+21 +3
180	200	±7	±10	±14.5	±23	±36	±57	±92	±145	±230	±360	+18 +4	+24 +4
200	225	±7	±10	±14.5	±23	±36	±57	±92	±145	±230	±360	+18 +4	+24 +4
225	250	±7	±10	±14.5	±23	±36	±57	±92	±145	±230	±360	+18 +4	+24 +4
250	280	±8	±11.5	±16	±26	±40	±65	±105	±160	±200	±405	+20 +4	+27 +4
280	315	±8	±11.5	±16	±26	±40	±65	±105	±160	±200	±405	+20 +4	+27 +4
315	355	±9	±12.5	±18	±28	±44	±70	±115	±180	±285	±445	+22 +4	+29 +4
355	400	±9	±12.5	±18	±28	±44	±70	±115	±180	±285	±445	+22 +4	+29 +4
400	450	±10	±13.5	±20	±31	±48	±77	±125	±200	±315	±485	+25 +5	+32 +5
450	500	±10	±13.5	±20	±31	±48	±77	±125	±200	±315	±485	+25 +5	+32 +5

附 录 A

基本尺寸/mm		公差带											
		k			m					n				
大于	至	6	7	8	4	5	6	7	8	4	5	6	7	8
—	3	±6 0	+10 0	+14 0	+5 +2	+6 +2	+8 +2	+12 +2	+16 +2	+7 +4	+8 +4	+10 +4	+14 +4	+18 +4
3	6	+9 +1	+13 +1	+18 0	+8 +4	+9 +4	+12 +4	+16 +4	+22 +4	+12 +8	+13 +8	+16 +8	+20 +8	+26 +8
6	10	+10 +1	+16 +1	+22 0	+10 +6	+12 +6	+15 +6	+21 +6	+28 +6	+14 +10	+16 +10	+19 +10	+25 +10	+32 +10
10	14	+12 +1	+19 +1	+27 0	+12 +7	+15 +7	+18 +7	+25 +7	+34 +7	+17 +12	+20 +12	+23 +12	+30 +12	+39 +12
14	18	+12 +1	+19 +1	+27 0	+12 +7	+15 +7	+18 +7	+25 +7	+34 +7	+17 +12	+20 +12	+23 +12	+30 +12	+39 +12
18	24	+15 +2	+23 +2	+33 0	+14 +8	+17 +8	+21 +8	+29 +8	+41 +8	+21 +15	+24 +15	+28 +15	+36 +15	+48 +15
24	30	+15 +2	+23 +2	+33 0	+14 +8	+17 +8	+21 +8	+29 +8	+41 +8	+21 +15	+24 +15	+28 +15	+36 +15	+48 +15
30	40	+18 +2	+27 +2	+39 0	+16 +9	+20 +9	+25 +9	+34 +9	+48 +9	+24 +17	+28 +17	+33 +17	+42 +17	+56 +17
40	50	+18 +2	+27 +2	+39 0	+16 +9	+20 +9	+25 +9	+34 +9	+48 +9	+24 +17	+28 +17	+33 +17	+42 +17	+56 +17
50	65	+21 +2	+32 +2	+46 0	+19 +11	+24 +11	+30 +11	+41 +11	+57 +11	+28 +20	+33 +20	+39 +20	+50 +20	+66 +20
65	80	+21 +2	+32 +2	+46 0	+19 +11	+24 +11	+30 +11	+41 +11	+57 +11	+28 +20	+33 +20	+39 +20	+50 +20	+66 +20
80	100	+25 +3	+38 +3	+54 0	+23 +13	+28 +13	+35 +13	+48 +13	+67 +13	+33 +23	+38 +23	+45 +23	+58 +23	+77 +23
100	120	+25 +3	+38 +3	+54 0	+23 +13	+28 +13	+35 +13	+48 +13	+67 +13	+33 +23	+38 +23	+45 +23	+58 +23	+77 +23
120	140	+28 +3	+43 +3	+63 0	+27 +15	+33 +15	+40 +15	+55 +15	+78 +15	+39 +27	+45 +27	+52 +27	+67 +27	+90 +27
140	160	+28 +3	+43 +3	+63 0	+27 +15	+33 +15	+40 +15	+55 +15	+78 +15	+39 +27	+45 +27	+52 +27	+67 +27	+90 +27
160	180	+28 +3	+43 +3	+63 0	+27 +15	+33 +15	+40 +15	+55 +15	+78 +15	+39 +27	+45 +27	+52 +27	+67 +27	+90 +27
180	200	+33 +4	+50 +4	+72 0	+31 +17	+37 +17	+46 +17	+63 +17	+89 +17	+45 +31	+51 +31	+60 +31	+77 +31	+103 +31
200	225	+33 +4	+50 +4	+72 0	+31 +17	+37 +17	+46 +17	+63 +17	+89 +17	+45 +31	+51 +31	+60 +31	+77 +31	+103 +31
225	250	+33 +4	+50 +4	+72 0	+31 +17	+37 +17	+46 +17	+63 +17	+89 +17	+45 +31	+51 +31	+60 +31	+77 +31	+103 +31
250	280	+36 +4	+56 +4	+81 0	+36 +20	+43 +20	+52 +20	+72 +20	+101 +20	+50 +34	+57 +34	+66 +34	+86 +34	+115 +34
280	315	+36 +4	+56 +4	+81 0	+36 +20	+43 +20	+52 +20	+72 +20	+101 +20	+50 +34	+57 +34	+66 +34	+86 +34	+115 +34
315	355	+40 +4	+61 +4	+89 0	+39 +21	+46 +21	+57 +21	+78 +21	+110 +21	+55 +37	+62 +37	+73 +37	+94 +37	+126 +37
355	400	+40 +4	+61 +4	+89 0	+39 +21	+46 +21	+57 +21	+78 +21	+110 +21	+55 +37	+62 +37	+73 +37	+94 +37	+126 +37
400	450	+45 +5	+68 +5	+97 0	+43 +23	+50 +23	+63 +23	+86 +23	+120 +23	+60 +40	+67 +40	+80 +40	+103 +40	+137 +40
450	500	+45 +5	+68 +5	+97 0	+43 +23	+50 +23	+63 +23	+86 +23	+120 +23	+60 +40	+67 +40	+80 +40	+103 +40	+137 +40

| 基本尺寸 /mm | | 公差带 | | | | | | | | | | | | |
大于	至	p 4	5	6	7	8	r 4	5	6	7	8	s 4	5	6
—	3	+9 +6	+10 +6	+12 +6	+16 +6	+20 +6	+13 +10	+14 +10	+16 +10	+20 +10	+24 +10	+17 +14	+18 +14	+20 +14
3	6	+16 +12	+17 +12	+20 +12	+24 +12	+30 +12	+19 +15	+20 +15	+23 +15	+27 +15	+33 +15	+23 +19	+24 +19	+27 +19
6	10	+19 +15	+21 +15	+24 +15	+30 +15	+37 +15	+23 +19	+25 +19	+28 +19	+34 +19	+41 +19	+27 +23	+29 +23	+32 +23
10	14	+23 +18	+26 +18	+29 +18	+36 +18	+45 +18	+28 +23	+31 +23	+34 +23	+41 +23	+50 +23	+33 +28	+36 +28	+39 +28
14	18													
18	24	+28 +22	+31 +22	+35 +22	+43 +22	+55 +22	+34 +28	+37 +28	+41 +28	+49 +28	+61 +28	+41 +35	+44 +35	+48 +35
24	30													
30	40	+33 +26	+37 +26	+42 +26	+51 +26	+65 +26	+41 +34	+45 +34	+50 +34	+59 +34	+73 +34	+50 +43	+54 +43	+59 +43
40	50													
50	65	+40 +32	+45 +32	+51 +32	+62 +32	+78 +32	+49 +41	+54 +41	+60 +41	+71 +41	+87 +41	+61 +53	+66 +53	+72 +53
65	80						+51 +43	+56 +43	+62 +43	+73 +43	+89 +43	+67 +59	+72 +59	+78 +59
80	100	+47 +37	+52 +37	+59 +37	+72 +37	+91 +37	+61 +51	+66 +51	+73 +51	+86 +51	+105 +51	+81 +71	+86 +71	+93 +71
100	120						+64 +54	+69 +54	+76 +54	+89 +54	+108 +54	+89 +79	+94 +79	+101 +79
120	140	+55 +43	+61 +43	+68 +43	+83 +43	+100 +43	+75 +63	+81 +63	+88 +63	+103 +63	+126 +63	+104 +92	+110 +92	+117 +92
140	160						+77 +65	+83 +65	+90 +65	+105 +65	+128 +65	+112 +100	+118 +100	+125 +100
160	180						+80 +68	+86 +68	+93 +68	+108 +68	+131 +68	+120 +108	+126 +108	+133 +108
180	200	+64 +50	+70 +50	+79 +50	+96 +50	+122 +50	+91 +77	+97 +77	+106 +77	+123 +77	+149 +77	+136 +122	+142 +122	+151 +122
200	225						+94 +80	+100 +80	+109 +80	+126 +80	+152 +80	+144 +130	+150 +130	+159 +130
225	250						+98 +84	+104 +84	+113 +84	+130 +84	+156 +84	+154 +140	+160 +140	+169 +140
250	280	+72 +56	+79 +56	+88 +56	+108 +56	+137 +56	+110 +94	+117 +94	+126 +94	+146 +94	+175 +94	+174 +158	+181 +158	+190 +158
280	315						+114 +98	+121 +98	+130 +98	+150 +98	+179 +98	+186 +170	+193 +170	+202 +170
315	355	+80 +62	+87 +62	+98 +62	+119 +62	+151 +62	+126 +108	+133 +108	+144 +108	+165 +108	+197 +108	+208 +190	+215 +190	+226 +190
355	400						+132 +114	+139 +114	+150 +114	+171 +114	+203 +114	+226 +208	+233 +208	+244 +208
400	450	+88 +68	+95 +68	+108 +68	+131 +68	+165 +68	+146 +126	+153 +126	+166 +126	+189 +126	+223 +126	+252 +232	+259 +232	+272 +232
450	500						+152 +132	+159 +132	+172 +132	+195 +132	+229 +132	+272 +252	+279 +252	+292 +252

133

附录 A

极限配合与技术测量（第二版）

134

基本尺寸/mm		公差带												
		s		t				u				v		
大于	至	7	8	5	6	7	8	5	6	7	8	5	6	7
—	3	+24 +14	+28 +14	—	—	—	—	+22 +18	+24 +18	+28 +18	+32 +18	—	—	—
3	6	+31 +19	+37 +19	—	—	—	—	+28 +23	+31 +23	+35 +23	+41 +23	—	—	—
6	10	+38 +23	+45 +23	—	—	—	—	+34 +28	+37 +28	+43 +28	+50 +28	—	—	—
10	14	+46 +28	+55 +28	—	—	—	—	+41 +33	+44 +33	+51 +33	+60 +33	—	—	—
14	18	+46 +28	+55 +28	—	—	—	—	+41 +33	+44 +33	+51 +33	+60 +33	+47 +39	+50 +39	+57 +39
18	24	+56 +35	+68 +35	—	—	—	—	+50 +41	+54 +41	+62 +41	+74 +41	+56 +47	+60 +47	+68 +47
24	30	+56 +35	+68 +35	+50 +41	+54 +41	+62 +41	+74 +41	+57 +48	+61 +48	+69 +48	+81 +48	+64 +55	+68 +55	+76 +55
30	40	+68 +43	+82 +43	+59 +48	+64 +48	+73 +48	+87 +48	+71 +60	+76 +60	+85 +60	+99 +60	+79 +68	+84 +68	+93 +68
40	50	+68 +43	+82 +43	+65 +54	+70 +54	+79 +54	+93 +54	+81 +70	+86 +70	+95 +70	+109 +70	+92 +81	+97 +81	+106 +81
50	65	+83 +53	+90 +53	+79 +66	+85 +66	+96 +66	+112 +66	+100 +87	+106 +87	+117 +87	+133 +87	+115 +102	+121 +102	+132 +102
65	80	+89 +59	+105 +59	+88 +75	+94 +75	+105 +75	+121 +75	+115 +102	+121 +102	+132 +102	+148 +102	+133 +120	+139 +120	+150 +120
80	100	+106 +71	+125 +71	+106 +91	+113 +91	+126 +91	+145 +91	+139 +124	+146 +124	+159 +124	+178 +124	+161 +146	+168 +146	+181 +146
100	120	+114 +79	+133 +79	+119 +104	+126 +104	+139 +104	+158 +104	+159 +144	+166 +144	+179 +144	+198 +144	+187 +172	+194 +172	+207 +172
120	140	+132 +92	+155 +92	+140 +122	+147 +122	+162 +122	+185 +122	+188 +170	+195 +170	+210 +170	+233 +170	+220 +202	+227 +202	+242 +202
140	160	+140 +100	+163 +100	+152 +134	+159 +134	+174 +134	+197 +134	+208 +190	+215 +190	+230 +190	+253 +190	+246 +228	+253 +228	+268 +228
160	180	+148 +108	+171 +108	+164 +146	+171 +146	+186 +146	+209 +146	+228 +210	+235 +210	+250 +210	+273 +210	+270 +252	+277 +252	+292 +252
180	200	+168 +122	+194 +122	+186 +166	+195 +166	+212 +166	+238 +166	+256 +236	+265 +236	+282 +236	+308 +236	+304 +284	+313 +284	+330 +284
200	225	+176 +130	+202 +130	+200 +180	+209 +180	+226 +180	+252 +180	+278 +258	+287 +258	+304 +258	+330 +258	+330 +310	+339 +310	+356 +310
225	250	+186 +140	+212 +140	+216 +196	+225 +196	+242 +196	+268 +196	+304 +284	+313 +284	+330 +284	+356 +284	+360 +340	+369 +340	+386 +340
250	280	+210 +158	+239 +158	+241 +218	+250 +218	+270 +218	+299 +218	+338 +315	+347 +315	+367 +315	+396 +315	+408 +385	+417 +385	+437 +385
280	315	+222 +170	+251 +170	+263 +240	+272 +240	+292 +240	+321 +240	+373 +350	+382 +350	+402 +350	+431 +350	+448 +425	+457 +425	+477 +425
315	355	+247 +190	+279 +190	+293 +268	+304 +268	+325 +268	+357 +268	+415 +390	+426 +390	+447 +390	+479 +390	+500 +475	+511 +475	+532 +475
355	400	+265 +208	+297 +208	+319 +294	+330 +294	+351 +294	+383 +294	+460 +435	+471 +435	+492 +435	+524 +435	+555 +530	+566 +530	+587 +530
400	450	+295 +232	+329 +232	+357 +330	+370 +330	+393 +330	+427 +330	+517 +490	+530 +490	+553 +490	+587 +490	+622 +595	+635 +595	+658 +595
450	500	+315 +252	+349 +252	+387 +360	+400 +360	+423 +360	+457 +360	+567 +540	+580 +540	+603 +540	+637 +540	+687 +660	+700 +660	+723 +660

基本尺寸/mm		公差带												
		v	x				y				z			
大于	至	8	5	6	7	8	5	6	7	8	5	6	7	8
—	3	—	+24 +20	+26 +20	+30 +20	+34 +20	—	—	—	—	+30 +26	+32 +26	+36 +26	+40 +26
3	6	—	+33 +28	+36 +28	+40 +28	+46 +28	—	—	—	—	+40 +35	+43 +35	+47 +35	+53 +35
6	10	—	+40 +34	+43 +34	+49 +34	+56 +34	—	—	—	—	+48 +42	+51 +42	+57 +42	+64 +42
10	14	—	+48 +40	+51 +40	+58 +40	+67 +40	—	—	—	—	+58 +50	+61 +50	+68 +50	+77 +50
14	18	+66 +39	+53 +45	+56 +45	+63 +45	+72 +45	—	—	—	—	+68 +60	+71 +60	+78 +60	+87 +60
18	24	+80 +47	+63 +54	+67 +54	+75 +54	+87 +54	+72 +63	+76 +63	+84 +63	+96 +63	+82 +73	+86 +73	+94 +73	+106 +73
24	30	+88 +55	+73 +64	+77 +64	+85 +64	+97 +64	+84 +75	+88 +75	+96 +75	+108 +75	+97 +88	+101 +88	+109 +88	+121 +88
30	40	+107 +68	+91 +80	+96 +80	+105 +80	+119 +80	+105 +94	+110 +94	+119 +94	+133 +94	+123 +112	+128 +112	+137 +112	+151 +112
40	50	+120 +81	+108 +97	+113 +97	+122 +97	+136 +97	+125 +114	+130 +114	+139 +114	+153 +114	+147 +136	+152 +136	+161 +136	+175 +136
50	65	+148 +102	+135 +122	+141 +122	+152 +122	+168 +122	+157 +144	+163 +144	+174 +144	+190 +144	+185 +172	+191 +172	+202 +172	+218 +172
65	80	+166 +120	+159 +146	+165 +146	+176 +146	+192 +146	+187 +174	+193 +174	+204 +174	+220 +174	+223 +210	+229 +210	+240 +210	+256 +210
80	100	+200 +146	+193 +178	+200 +178	+231 +178	+232 +178	+229 +214	+236 +214	+249 +214	+268 +214	+273 +258	+280 +258	+293 +258	+312 +258
100	120	+226 +172	+225 +210	+232 +210	+245 +210	+264 +210	+269 +254	+276 +254	+289 +254	+308 +254	+325 +310	+332 +310	+345 +310	+364 +310
120	140	+265 +202	+266 +248	+273 +248	+288 +248	+311 +248	+318 +300	+325 +300	+340 +300	+368 +300	+383 +365	+390 +365	+405 +365	+428 +365
140	160	+291 +228	+298 +280	+305 +280	+320 +280	+343 +280	+358 +340	+365 +340	+380 +340	+403 +340	+433 +415	+440 +415	+455 +415	+478 +415
160	180	+315 +252	+328 +310	+335 +310	+350 +310	+373 +310	+398 +380	+405 +380	+420 +380	+443 +380	+483 +465	+490 +465	+505 +465	+528 +465
180	200	+356 +284	+370 +350	+379 +350	+396 +350	+422 +350	+445 +425	+454 +245	+471 +425	+497 +425	+540 +520	+549 +520	+566 +520	+592 +520
200	225	+382 +310	+405 +385	+414 +385	+431 +385	+457 +385	+490 +470	+499 +470	+516 +470	+542 +470	+595 +575	+604 +575	+621 +575	+647 +575
225	250	+412 +340	+445 +425	+454 +425	+471 +425	+497 +425	+540 +520	+549 +520	+566 +520	+592 +520	+660 +640	+669 +640	+686 +640	+712 +640
250	280	+466 +385	+498 +475	+507 +475	+527 +475	+556 +475	+603 +580	+612 +580	+632 +580	+661 +580	+733 +710	+742 +710	+762 +710	+791 +710
280	315	+506 +425	+548 +525	+557 +525	+577 +525	+606 +525	+673 +650	+682 +650	+702 +650	+731 +650	+813 +790	+822 +790	+842 +790	+871 +790
315	355	+564 +475	+615 +590	+626 +590	+647 +590	+679 +590	+755 +730	+766 +730	+787 +730	+819 +730	+925 +900	+936 +900	+957 +900	+989 +900
355	400	+619 +530	+685 +660	+696 +660	+717 +660	+749 +660	+845 +820	+856 +820	+877 +820	+909 +820	+1 025 +1 000	+1 036 +1 000	+1 057 +1 000	+1 089 +1 000
400	450	+692 +595	+767 +740	+780 +740	+803 +740	+837 +740	+947 +920	+960 +920	+983 +920	+1 017 +920	+1 127 +1 100	+1 140 +1 100	+1 163 +1 100	+1 197 +1 100
450	500	+757 +660	+847 +820	+860 +820	+883 +820	+917 +820	+1 027 +1 000	+1 040 +1 000	+1 063 +1 000	+1 097 +1 000	+1 277 +1 250	+1 290 +1 250	+1 313 +1 250	+1 347 +1 250

135

附录 A

表 A-2　孔的极限偏差　　　　　　　　　　　　　　　　　单位：mm

下表中每个单元格为上偏差 / 下偏差。

基本尺寸/mm 大于	至	公差带 A				公差带 B				公差带 C				
		9	10	11	12	9	10	11	12	8	9	10	11	12
—	3	+295 / +270	+310 / +270	+330 / +270	+370 / +270	+165 / +140	+180 / +140	+200 / +140	+240 / +140	+74 / +60	+85 / +60	+100 / +60	+120 / +60	+160 / +60
3	6	+300 / +270	+318 / +270	+345 / +270	+390 / +270	+170 / +140	+188 / +140	+215 / +140	+260 / +140	+88 / +70	+100 / +70	+118 / +70	+145 / +70	+190 / +70
6	10	+316 / +280	+338 / +280	+370 / +280	+430 / +280	+186 / +150	+208 / +150	+240 / +150	+300 / +150	+102 / +80	+116 / +80	+138 / +80	+170 / +80	+230 / +80
10	14	+333 / +290	+360 / +290	+400 / +290	+470 / +290	+193 / +150	+220 / +150	+260 / +150	+330 / +150	+122 / +95	+138 / +95	+165 / +95	+205 / +95	+275 / +95
14	18	+333 / +290	+360 / +290	+400 / +290	+470 / +290	+193 / +150	+220 / +150	+260 / +150	+330 / +150	+122 / +95	+138 / +95	+165 / +95	+205 / +95	+275 / +95
18	24	+352 / +300	+384 / +300	+430 / +300	+510 / +300	+212 / +160	+244 / +160	+290 / +160	+370 / +160	+143 / +110	+162 / +110	+194 / +110	+240 / +110	+320 / +110
24	30	+352 / +300	+384 / +300	+430 / +300	+510 / +300	+212 / +160	+244 / +160	+290 / +160	+370 / +160	+143 / +110	+162 / +110	+194 / +110	+240 / +110	+320 / +110
30	40	+372 / +310	+410 / +310	+470 / +310	+560 / +310	+232 / +170	+270 / +170	+330 / +170	+420 / +170	+159 / +120	+182 / +120	+220 / +120	+280 / +120	+370 / +120
40	50	+382 / +320	+420 / +320	+480 / +320	+570 / +320	+242 / +180	+280 / +180	+340 / +180	+430 / +180	+169 / +130	+192 / +130	+230 / +130	+290 / +130	+380 / +130
50	65	+414 / +340	+460 / +340	+530 / +340	+640 / +340	+264 / +190	+310 / +190	+380 / +190	+490 / +190	+186 / +140	+214 / +140	+260 / +140	+330 / +140	+440 / +140
65	80	+434 / +360	+480 / +360	+550 / +360	+660 / +360	+274 / +200	+320 / +200	+390 / +200	+500 / +200	+196 / +150	+224 / +150	+270 / +150	+340 / +150	+450 / +150
80	100	+467 / +380	+520 / +380	+600 / +380	+730 / +380	+307 / +220	+360 / +220	+440 / +220	+570 / +220	+224 / +170	+257 / +170	+310 / +170	+390 / +170	+520 / +170
100	120	+497 / +410	+550 / +410	+630 / +410	+760 / +410	+327 / +240	+380 / +240	+460 / +240	+590 / +240	+234 / +180	+267 / +180	+320 / +180	+400 / +180	+530 / +180
120	140	+560 / +460	+620 / +460	+710 / +460	+860 / +460	+360 / +260	+420 / +260	+510 / +260	+660 / +260	+263 / +200	+300 / +200	+360 / +200	+450 / +200	+600 / +200
140	160	+620 / +520	+680 / +520	+770 / +520	+920 / +520	+380 / +280	+440 / +280	+530 / +280	+680 / +280	+273 / +210	+310 / +210	+370 / +210	+460 / +210	+610 / +210
160	180	+680 / +580	+740 / +580	+830 / +580	+980 / +580	+410 / +310	+470 / +310	+560 / +310	+710 / +310	+293 / +230	+330 / +230	+390 / +230	+480 / +230	+630 / +230
180	200	+775 / +660	+845 / +660	+950 / +660	+1 120 / +660	+455 / +340	+525 / +340	+630 / +340	+800 / +340	+312 / +240	+355 / +240	+425 / +240	+530 / +240	+700 / +240
200	225	+855 / +740	+925 / +740	+1 030 / +740	+1 200 / +740	+495 / +380	+565 / +380	+670 / +380	+840 / +380	+332 / +260	+375 / +260	+445 / +260	+550 / +260	+720 / +260
225	250	+935 / +820	+1 005 / +820	+1 110 / +820	+1 280 / +820	+535 / +420	+605 / +420	+710 / +420	+880 / +420	+352 / +280	+395 / +280	+465 / +280	+570 / +280	+740 / +280
250	280	+1 050 / +920	+1 130 / +920	+1 240 / +920	+1 440 / +920	+610 / +480	+690 / +480	+800 / +480	+1 000 / +480	+381 / +300	+430 / +300	+510 / +300	+620 / +300	+820 / +300
280	315	+1 180 / +1 050	+1 260 / +1 050	+1 370 / +1 050	+1 570 / +1 050	+670 / +540	+750 / +540	+860 / +540	+1 060 / +540	+411 / +330	+460 / +330	+540 / +330	+650 / +330	+850 / +330
315	355	+1 340 / +1 200	+1 430 / +1 200	+1 560 / +1 200	+1 770 / +1 200	+740 / +600	+830 / +600	+960 / +600	+1 170 / +600	+449 / +360	+500 / +360	+590 / +360	+720 / +360	+930 / +360
355	400	+1 490 / +1 350	+1 580 / +1 350	+1 710 / +1 350	+1 920 / +1 350	+820 / +680	+910 / +680	+1 040 / +680	+1 250 / +680	+489 / +400	+540 / +400	+630 / +400	+760 / +400	+970 / +400
400	450	+1 655 / +1 500	+1 750 / +1 500	+1 900 / +1 500	+2 130 / +1 500	+915 / +760	+1 010 / +760	+1 160 / +760	+1 390 / +760	+537 / +440	+595 / +440	+690 / +440	+840 / +440	+1 070 / +440
450	500	+1 805 / +1 650	+1 900 / +1 650	+2 050 / +1 650	+2 280 / +1 650	+995 / +840	+1 090 / +840	+1 240 / +840	+1 470 / +840	+577 / +480	+635 / +480	+730 / +480	+880 / +480	+1 110 / +480

注：基本尺寸小于 1 mm 时，各级的 A 和 B 均不采用。

| 基本尺寸/mm | | 公差带 | | | | | | | | | | | | |
大于	至	D7	D8	D9	D10	D11	E7	E8	E9	E10	F6	F7	F8	F9
—	3	+30 +20	+34 +20	+45 +20	+60 +20	+80 +20	+24 +14	+28 +14	+39 +14	+54 +14	+12 +6	+16 +6	+20 +6	+31 +6
3	6	+45 +30	+48 +30	+60 +30	+78 +30	+105 +30	+32 +20	+38 +20	+50 +20	+68 +20	+18 +10	+22 +10	+28 +10	+40 +10
6	10	+55 +40	+62 +40	+76 +40	+98 +40	+130 +40	+40 +25	+47 +25	+61 +25	+83 +25	+22 +13	+28 +13	+35 +13	+49 +13
10	14	+68 +50	+77 +50	+93 +50	+120 +50	+160 +50	+50 +32	+59 +32	+75 +32	+102 +32	+27 +16	+34 +16	+43 +16	+59 +16
14	18													
18	24	+86 +65	+98 +65	+117 +65	+149 +65	+198 +65	+61 +40	+73 +40	+92 +40	+124 +40	+33 +20	+41 +20	+53 +20	+72 +20
24	30													
30	40	+105 +80	+119 +80	+142 +80	+180 +80	+240 +80	+75 +50	+89 +50	+112 +50	+150 +50	+41 +25	+50 +25	+64 +25	+87 +25
40	50													
50	65	+130 +100	+146 +100	+174 +100	+220 +100	+290 +100	+90 +60	+106 +60	+134 +60	+180 +60	+49 +30	+60 +30	+76 +30	+104 +30
65	80													
80	100	+155 +120	+174 +120	+207 +120	+260 +120	+340 +120	+107 +72	+126 +72	+159 +72	+212 +72	+58 +36	+71 +36	+90 +36	+123 +36
100	120													
120	140	+185 +145	+208 +145	+245 +145	+305 +145	+395 +145	+125 +145	+125 +85	+148 +85	+245 +85	+68 +43	+83 +43	+106 +43	+143 +43
140	160													
160	180													
180	200	+216 +170	+242 +170	+285 +170	+355 +170	+460 +170	+146 +100	+172 +100	+215 +100	+285 +100	+79 +50	+96 +50	+122 +50	+165 +50
200	225													
225	250													
250	280	+242 +190	+171 +190	+320 +190	+400 +190	+510 +190	+162 +110	+191 +110	+240 +110	+320 +110	+88 +56	+108 +56	+137 +56	+186 +56
280	315													
315	355	+267 +210	+299 +210	+350 +210	+440 +210	+570 +210	+182 +125	+214 +125	+265 +125	+355 +125	+98 +62	+119 +62	+151 +62	+202 +62
355	400													
400	450	+296 +230	+327 +230	+385 +230	+480 +230	+630 +230	+198 +135	+232 +135	+290 +135	+385 +135	+108 +68	+131 +68	+165 +68	+223 +68
450	500													

基本尺寸/mm		公差带												
		G				H								
大于	至	5	6	7	8	1	2	3	4	5	6	7	8	9
—	3	+6 +2	+8 +2	+12 +2	+16 +2	+0.8 0	+1.2 0	+2 0	+3 0	+4 0	+6 0	+10 0	+14 0	+25 0
3	6	+9 +4	+12 +4	+16 +4	+22 +4	+1 0	+1.5 0	+2.5 0	+4 0	+5 0	+8 0	+12 0	+18 0	+30 0
6	10	+11 +5	+14 +5	+20 +5	+27 +5	+1 0	+1.5 0	+2.5 0	+4 0	+6 0	+9 0	+15 0	+22 0	+36 0
10	14	+14 +6	+17 +6	+24 +6	+33 +6	+1.2 0	+2 0	+3 0	+5 0	+8 0	+11 0	+18 0	+27 0	+43 0
14	18	+14 +6	+17 +6	+24 +6	+33 +6	+1.2 0	+2 0	+3 0	+5 0	+8 0	+11 0	+18 0	+27 0	+43 0
18	24	+16 +7	+20 +7	+28 +7	+40 +7	+1.5 0	+2.5 0	+4 0	+6 0	+9 0	+13 0	+21 0	+33 0	+52 0
24	30	+16 +7	+20 +7	+28 +7	+40 +7	+1.5 0	+2.5 0	+4 0	+6 0	+9 0	+13 0	+21 0	+33 0	+52 0
30	40	+20 +9	+25 +9	+34 +9	+48 +9	+1.5 0	+2.5 0	+4 0	+7 0	+11 0	+16 0	+25 0	+39 0	+62 0
40	50	+20 +9	+25 +9	+34 +9	+48 +9	+1.5 0	+2.5 0	+4 0	+7 0	+11 0	+16 0	+25 0	+39 0	+62 0
50	65	+20 +9	+25 +9	+34 +9	+48 +9	+1.5 0	+2.5 0	+34 0	+7 0	+11 0	+16 0	+25 0	+39 0	+62 0
65	80	+20 +9	+25 +9	+34 +9	+48 +9	+1.5 0	+2.5 0	+34 0	+7 0	+11 0	+16 0	+25 0	+39 0	+62 0
80	100	+27 +12	+34 +12	+47 +12	+66 +12	+2.5 0	+4 0	+6 0	+10 0	+15 0	+22 0	+35 0	+54 0	+87 0
100	120	+27 +12	+34 +12	+47 +12	+66 +12	+2.5 0	+4 0	+6 0	+10 0	+15 0	+22 0	+35 0	+54 0	+87 0
120	140	+32 +14	+39 +14	+54 +14	+77 +14	+3.5 0	+5 0	+8 0	+12 0	+18 0	+25 0	+40 0	+63 0	+100 0
140	160	+32 +14	+39 +14	+54 +14	+77 +14	+3.5 0	+5 0	+8 0	+12 0	+18 0	+25 0	+40 0	+63 0	+100 0
160	180	+32 +14	+39 +14	+54 +14	+77 +14	+3.5 0	+5 0	+8 0	+12 0	+18 0	+25 0	+40 0	+63 0	+100 0
180	200	+35 +15	+44 +15	+61 +15	+87 +15	+4.5 0	+7 0	+10 0	+14 0	+20 0	+29 0	+46 0	+72 0	+115 0
140	160	+35 +15	+44 +15	+61 +15	+87 +15	+4.5 0	+7 0	+10 0	+14 0	+20 0	+29 0	+46 0	+72 0	+115 0
160	180	+35 +15	+44 +15	+61 +15	+87 +15	+4.5 0	+7 0	+10 0	+14 0	+20 0	+29 0	+46 0	+72 0	+115 0
250	280	+40 +17	+49 +17	+69 +17	+98 +17	+6 0	+8 0	+12 0	+16 0	+23 0	+32 0	+52 0	+81 0	+130 0
280	315	+40 +17	+49 +17	+69 +17	+98 +17	+6 0	+8 0	+12 0	+16 0	+23 0	+32 0	+52 0	+81 0	+130 0
315	355	+43 +18	+54 +18	+75 +18	+107 +18	+7 0	+9 0	+13 0	+18 0	+25 0	+36 0	+57 0	+89 0	+140 0
355	400	+43 +18	+54 +18	+75 +18	+107 +18	+7 0	+9 0	+13 0	+18 0	+25 0	+36 0	+57 0	+89 0	+140 0
400	450	+47 +20	+60 +20	+83 +20	+117 +20	+8 0	+10 0	+15 0	+20 0	+27 0	+40 0	+63 0	+97 0	+155 0
450	500	+47 +20	+60 +20	+83 +20	+117 +20	+8 0	+10 0	+15 0	+20 0	+27 0	+40 0	+63 0	+97 0	+155 0

基本尺寸/mm 大于	至	公差带 H 10	11	12	13	J 6	7	8	Js 1	2	3	4	5	6
—	3	+40 0	+60 0	+100 0	+140 0	+2 −4	+4 −6	+6 −8	±0.4	±0.6	±1	±1.5	±2	±3
3	6	+48 0	+75 0	+120 0	+180 0	+5 −3	—	+10 −8	±0.5	±0.75	±1.25	±2	±2.5	±4
6	10	+58 0	+90 0	+150 0	+220 0	+5 −4	+8 −7	+12 −10	±0.5	±0.75	±1.25	±2	±3	±4.5
10	14	+70 0	+110 0	+180 0	+270 0	+6 −5	+10 −8	+15 −12	±0.6	±1	±1.5	±2.5	±4	±5.5
14	18													
18	24	+84 0	+130 0	+210 0	+330 0	+8 −5	+12 −9	+20 −13	±0.75	±1.25	±2	±3	±4.5	±6.5
24	30													
30	40	+100 0	+160 0	+250 0	+390 0	+10 −6	+14 −11	+24 −15	±0.75	±1.25	±2	±3.5	±5.5	±8
40	50													
50	65	+120 0	+190 0	+300 0	+460 0	+13 −6	+18 −12	+28 −18	±1	±1.5	±2.5	±4	±6.5	±9.5
65	80													
80	100	+140 0	+220 0	+350 0	+540 0	+16 −6	+22 −13	+34 −20	±1.25	±2	±3	±5	±7.5	±11
100	120													
120	140	+160 0	+250 0	+400 0	+630 0	+18 −7	+26 −14	+41 −22	±1.75	±2.5	±4	±6	±9	±12.5
140	160													
160	180													
180	200	+210 0	+320 0	+520 0	+810 0	+25 −7	+30 −16	+47 −25	±2.25	±3.5	±5	±7	±10	±14.5
200	225													
225	280													
250	280	+210 0	+320 0	+520 0	+810 0	+25 −7	+36 −16	+55 −26	±3	±4	±6	±8	±11.5	±16
280	315													
315	355	+230 0	+360 0	+570 0	+890 0	+29 −7	+39 −18	+60 −29	±3.5	±4.5	±6.5	±9	±12.5	±18
355	400													
400	450	+250 0	+400 0	+630 0	+970 0	+33 −7	+43 −20	+66 −31	±4	±5	±7.5	±10	±13.5	±20
450	500													

139

附录 A

基本尺寸/mm 大于	至	公差带 Js 7	8	9	10	11	12	13	K 4	5	6	7	8	M 4
—	3	±5	±7	±12	±20	±30	±50	±70	0 / −3	0 / −4	0 / −6	0 / −10	0 / −14	−2 / −5
3	6	±6	±9	±15	±24	±37	±60	±90	+0.5 / −3.5	0 / −5	+2 / −6	+3 / −9	+5 / −13	−2.5 / −6.5
6	10	±7	±11	±18	±29	±45	±75	±110	+0.5 / −3.5	+1 / −5	+2 / −7	+5 / −10	+6 / −16	−4.5 / −8.5
10	14	±9	±13	±21	±35	±55	±90	±135	+1 / −4	+2 / −6	+2 / −9	+6 / −12	+8 / −19	−5 / −10
14	18													
18	24	±10	±16	±26	±42	±65	±105	±165	0 / −6	+1 / −8	+2 / −11	+6 / −15	+10 / −23	−6 / −12
24	30													
30	40	±12	±19	±31	±50	±80	±125	±195	+1 / −6	+2 / −9	+3 / −13	+7 / −18	+12 / −27	−6 / −13
40	50													
50	65	±15	±23	±27	±60	±95	±150	±230	+1 / −7	+3 / −10	+4 / −15	+9 / −21	+14 / −32	−8 / −16
65	80													
80	100	±17	±27	±43	±70	±110	±175	±270	+1 / −9	+2 / −13	+4 / −18	+10 / −25	+16 / −38	−9 / −19
100	120													
120	140	±20	±31	±50	±80	±125	±200	±315	+1 / −11	+3 / −15	+4 / −21	+12 / −28	+20 / −43	−11 / −23
140	160													
160	180													
180	200	±23	±36	±57	±92	±145	±230	±360	0 / −14	+2 / −18	+5 / −24	+13 / −33	+22 / −50	−13 / −27
200	225													
225	250													
250	280	±26	±40	±65	±105	±160	±260	±405	0 / −16	+3 / −20	+5 / −27	+16 / −36	+25 / −56	−16 / −32
280	315													
315	355	±28	±44	±70	±115	±180	±285	±445	+1 / −17	+3 / −22	+7 / −29	+17 / −40	+28 / −61	−15 / −34
355	400													
400	450	±31	±48	±77	±125	±200	±315	±485	0 / −20	+2 / −25	+8 / −32	+18 / −45	+29 / −68	−18 / −38
450	500													

基本尺寸 /mm 大于	至	公差带 M 5	M 6	M 7	M 8	N 5	N 6	N 7	N 8	N 9	P 5	P 6	P 7	P 8
—	3	−2 −6	−2 −8	−2 −12	−2 −16	−4 −8	−4 −10	−4 −14	−4 −18	−4 −29	−6 −10	−6 −12	−6 −16	−6 −20
3	6	−3 −8	−1 −9	0 −12	+2 −16	−7 −12	−5 −13	−4 −16	−2 −20	0 −30	−11 −16	−9 −17	−8 −20	−12 −30
6	10	−4 −10	−3 −12	0 −15	+1 −21	−8 −14	−7 −16	−4 −19	−3 −25	0 −36	−13 −19	−12 −21	−9 −24	−15 −37
10	14	−4 −12	−4 −15	0 −18	+2 −25	−9 −17	−9 −20	−5 −23	−3 −30	0 −43	−15 −23	−15 −26	−11 −29	−18 −45
14	18													
18	24	−5 −14	−4 −17	0 −21	+4 −29	−12 −21	−11 −24	−7 −28	−3 −36	0 −52	−19 −28	−18 −31	−14 −35	−22 −55
24	30													
30	40	−5 −16	−4 −20	0 −25	+5 −34	−13 −24	−12 −28	−8 −33	−3 −42	0 −62	−22 −33	−21 −37	−17 −42	−26 −65
40	50													
50	65	−6 −19	−5 −24	0 −30	+5 −41	−15 −28	−14 −33	−9 −39	−4 −50	0 −74	−27 −40	−26 −45	−21 −51	−32 −78
65	80													
80	100	−8 −23	−6 −28	0 −35	+6 −48	−18 −33	−16 −38	−10 −45	−4 −58	0 −87	−32 −47	−30 −52	−24 −59	−37 −91
100	120													
120	140	−9 −27	−8 −33	0 −40	+8 −55	−21 −39	−20 −45	−12 −52	−4 −67	0 −100	−37 −55	−36 −61	−28 −68	−43 −106
140	160													
160	180													
180	200	−11 −31	−8 −37	0 −46	+9 −63	−25 −45	−22 −51	−14 −60	−5 −77	0 −115	−44 −64	−41 −70	−33 −79	−50 −122
200	225													
225	250													
250	280	−13 −36	−9 −41	0 −52	+9 −72	−27 −50	−25 −57	−14 −66	−5 −86	0 −130	−49 −72	−47 −79	−36 −88	−56 −137
280	315													
315	355	−14 −39	−10 −46	0 −57	+11 −78	−30 −55	−26 −62	−16 −73	−5 −94	0 −140	−55 −80	−51 −87	−41 −98	−62 −151
355	400													
400	450	−16 −43	−10 −50	0 −63	+11 −86	−33 −60	−27 −67	−17 −80	−6 −103	0 −155	−61 −88	−55 −95	−45 −108	−68 −165
450	500													

141

附录 A

左侧竖排：极限配合与技术测量（第二版） 142

基本尺寸 /mm		公差带												
		P	R				S				T			U
大于	至	9	5	6	7	8	5	6	7	8	6	7	8	6
—	3	−6	−10	−10	−10	−10	−14	−14	−14	−14	—	—	—	−18
		−31	−14	−16	−20	−24	−18	−20	−24	−28				−24
3	6	−12	−14	−12	−11	−15	−18	−16	−15	−19	—	—	—	−20
		−42	−19	−20	−23	−33	−23	−24	−27	−37				−28
6	10	−15	−17	−16	−13	−19	−21	−20	−17	−23				−25
		−51	−23	−25	−28	−41	−27	−29	−32	−45				−34
10	14	−18	−20	−20	−16	−23	−25	−25	−21	−28				−30
14	18	−61	−28	−31	−34	−50	−33	−36	−39	−55				−41
18	24	−22	−25	−24	−20	−28	−32	−31	−27	−35	—	—	—	−37
														−50
24	30	−74	−34	−37	−41	−61	−41	−44	−48	−68	−37	−33	−41	−44
											−50	−54	−74	−57
30	40	−26	−30	−29	−25	−34	−39	−38	−34	−43	−43	−39	−48	−55
											−59	−64	−87	−71
40	50	−88	−41	−45	−50	−73	−50	−54	−59	−82	−49	−45	−54	−65
											−65	−70	−93	−81
50	65	−32	−36	−35	−30	−41	−48	−47	−42	−53	−60	−55	−66	−81
			−49	−54	−60	−87	−61	−66	−72	−99	−79	−85	−112	−100
65	80	−106	−38	−37	−32	−43	−54	−53	−48	−59	−69	−64	−75	−81
			−51	−56	−62	−89	−67	−72	−78	−105	−88	−94	−121	−100
80	100	−37	−46	−44	−38	−51	−66	−64	−58	−71	−84	−78	−91	−117
			−61	−66	−73	−105	−81	−86	−93	−125	−106	−113	−145	−139
100	120	−124	−49	−47	−41	−54	−74	−72	−66	−79	−97	−91	−104	−137
			−64	−69	−76	−108	−89	−94	−101	−133	−119	−126	−158	−159
120	140	−43	−57	−56	−48	−63	−86	−85	−77	−92	−115	−107	−122	−163
			−75	−81	−88	−126	−104	−110	−117	−155	−140	−147	−185	−188
140	160	−143	−59	−58	−50	−65	−94	−93	−85	−100	−127	−119	−134	−183
			−77	−83	−90	−128	−112	−118	−125	−163	−152	−159	−197	−208
160	180		−62	−61	−53	−68	−102	−101	−93	−108	−139	−131	−146	−203
			−80	−86	−93	−131	−120	−126	−133	−171	−164	−171	−209	−228
180	200	−50	−71	−68	−60	−77	−116	−113	−105	−122	−157	−149	−166	−227
			−91	−97	−106	−149	−136	−142	−151	−194	−186	−195	−238	−256
200	225	−165	−74	−71	−63	−80	−124	−121	−113	−130	−171	−163	−180	−249
			−94	−100	−109	−152	−144	−150	−159	−202	−200	−209	−252	−278
225	250		−78	−75	−67	−84	−134	−131	−123	−140	−187	−179	−196	−275
			−98	−104	−113	−156	−154	−160	−169	−212	−216	−225	−268	−304
250	280	−56	−87	−85	−74	−94	−151	−149	−138	−158	−209	−198	−218	−306
			−110	−117	−126	−175	−174	−181	−190	−239	−241	−250	−299	−338
280	315	−186	−91	−89	−78	−98	−163	−161	−150	−170	−231	−220	−240	−341
			−114	−121	−130	−179	−186	−193	−202	−251	−263	−272	−321	−373
315	355	−62	−101	−97	−87	−108	−183	−179	−169	−190	−257	−247	−268	−379
			−126	−133	−144	−197	−208	−215	−226	−279	−293	−304	−357	−415
355	400	−202	−107	−103	−93	−114	−201	−197	−187	−208	−283	−273	−294	−424
			−132	−139	−150	−203	−226	−233	−244	−297	−319	−330	−383	−460
400	450	−68	−119	−113	−103	−126	−225	−219	−209	−232	−317	−307	−330	−477
			−146	−153	−166	−223	−252	−259	−272	−329	−357	−370	−427	−517
450	500	−223	−125	−119	−109	−132	−245	−239	−229	−252	−347	−337	−360	−527
			−152	−159	−172	−229	−272	−279	−292	−349	−387	−400	−457	−567

公　差　带

基本尺寸/mm 大于	至	U 7	U 8	V 6	V 7	V 8	X 6	X 7	X 8	Y 6	Y 7	Y 8	Z 6	Z 7	Z 8
—	3	−18	−18	—	—	—	−20	−20	−20	—	—	—	−26	−26	−26
		−28	−32				−26	−30	−34				−32	−36	−40
3	6	−19	−23	—	—	—	−25	−24	−28	—	—	—	−32	−31	−35
		−31	−41				−33	−36	−46				−40	−43	−53
6	10	−22	−28	—	—	—	−31	−28	−34	—	—	—	−39	−36	−42
		−37	−50				−40	−43	−56				−48	−51	−64
10	14	−26	−33	—	—	—	−37	−33	−40	—	—	—	−47	−43	−50
		−44	−60				−48	−51	−67				−58	−61	−77
14	18			−36	−32	−39	−42	−38	−45	—	—	—	−57	−53	−60
				−47	−50	−66	−53	−56	−75				−68	−71	−87
18	24	−33	−41	−43	−39	−47	−50	−46	−54	−59	−55	−63	−69	−65	−73
		−54	−74	−56	−60	−80	−63	−67	−87	−72	−76	−96	−82	−86	−106
24	30	−40	−48	−51	−47	−55	−60	−56	−64	−71	−67	−75	−84	−80	−88
		−61	−81	−64	−68	−88	−73	−77	−97	−81	−88	−108	−97	−101	−121
30	40	−51	−60	−63	−59	−68	−75	−71	−80	−89	−85	−94	−107	−103	−112
		−76	−99	−79	−84	−107	−91	−96	−119	−105	−110	−133	−123	−128	−151
40	50	−61	−70	−76	−72	−81	−92	−88	−97	−109	−105	−114	−131	−127	−136
		−86	−109	−92	−97	−120	−108	−113	−136	−125	−130	−153	−147	−152	−175
50	65	−76	−87	−96	−91	−102	−116	−111	−122	−138	−133	−144	−166	−161	−172
		−106	−133	−115	−121	−148	−135	−141	−168	−157	−163	−190	−185	−191	−218
65	80	−91	−102	−114	−109	−120	−140	−135	−146	−168	−163	−174	−204	−199	−210
		−121	−148	−133	−139	−166	−159	−165	−192	−187	−193	−220	−223	−229	−256
80	100	−111	−124	−139	−133	−146	−171	−165	−178	−207	−201	−214	−251	−245	−258
		−146	−178	−161	−168	−200	−193	−200	−232	−229	−236	−268	−273	−280	−312
100	120	−131	−144	−165	−159	−172	−203	−197	−210	−247	−241	−254	−303	−297	−310
		−166	−198	−187	−194	−226	−225	−232	−264	−269	−276	−308	−325	−331	−364
120	140	−155	−170	−195	−187	−202	−241	−233	−248	−293	−285	−300	−358	−350	−365
		−195	−233	−220	−227	−265	−266	−273	−311	−318	−325	−363	−383	−390	−428
140	160	−175	−190	−221	−213	−228	−273	−265	−280	−333	−325	−340	−408	−400	−415
		−215	−253	−246	−253	−291	−298	−305	−343	−358	−365	−403	−433	−440	−478
160	180	−195	−210	−245	−237	−252	−303	−295	−310	−373	−365	−380	−458	−450	−465
		−235	−273	−270	−277	−315	−328	−335	−373	−398	−405	−443	−483	−490	−528
180	200	−219	−236	−275	−267	−284	−341	−333	−350	−416	−408	−425	−511	−503	−520
		−265	−308	−304	−313	−365	−370	−379	−422	−445	−454	−497	−540	−549	−592
200	225	−241	−258	−301	−293	−310	−376	−368	−385	−461	−453	−470	−566	−558	−575
		−287	−330	−330	−339	−382	−405	−414	−457	−490	−499	−542	−595	−604	−647
225	250	−267	−284	−331	−323	−340	−416	−408	−425	−511	−503	−520	−631	−623	−640
		−313	−365	−360	−369	−412	−445	−454	−497	−540	−549	−592	−660	−669	−712
250	280	−295	−315	−376	−365	−385	−466	−455	−475	−571	−560	−580	−701	−690	−710
		−347	−396	−408	−417	−466	−498	−507	−556	−603	−612	−661	−733	−742	−791
280	315	−330	−350	−416	−405	−425	−516	−505	−525	−641	−630	−650	−781	−770	−790
		−382	−365	−448	−457	−506	−548	−557	−606	−673	−682	−731	−813	−822	−871
315	355	−369	−390	−464	−454	−475	−579	−560	−590	−719	−709	−730	−889	−879	−900
		−426	−479	−500	−511	−564	−615	−626	−679	−755	−766	−819	−925	−936	−989
355	400	−414	−435	−519	−509	−530	−649	−639	−660	−809	−799	−820	−989	−979	−1 000
		−471	−524	−555	−566	−619	−685	−696	−749	−845	−856	−909	−1 025	−1 036	−1 089
400	450	−467	−490	−582	−572	−595	−727	−717	−740	−907	−897	−920	−1 087	−1 077	−1 100
		−530	−587	−622	−635	−692	−767	−780	−837	−947	−969	−1 017	−1 127	−1 140	−1 197
450	500	−517	−540	−647	−637	−660	−807	−797	−820	−987	−977	−1 000	−1 237	−1 227	−1 250
		−580	−637	−687	−700	−757	−847	−860	−917	−1 027	−1 040	−1 097	−1 277	−1 290	−1 347

注：1. 当公称尺寸大于250～315 mm时，M6的ES等于−9（不等于−11）；

　　2. 公称寸小于1 mm时，大于IT8的N不采用。

表 A-3　内、外螺纹顶径公差

公差项目	内螺纹顶径（小径）公差 T_{D1}/mm					外螺纹顶径（大径）公差 T_d/mm		
螺距 P /mm	公差等级							
	4	5	6	7	8	4	6	8
0.75	118	150	190	236	——	90	140	——
0.8	125	160	200	250	315	95	150	236
1	150	190	236	300	375	112	180	280
1.25	170	212	265	335	425	132	212	335
1.5	190	236	300	375	475	150	236	375
1.75	212	265	335	425	530	170	265	425
2	236	300	375	475	600	180	280	450
2.5	280	355	450	560	710	212	335	530
3	315	400	500	630	800	236	375	600

表 A-4　内、外螺纹中径公差

公称直径 / mm		螺距 P /mm	内螺纹中径的公差 T_{D2} / μm				外螺纹中径的公差 T_{d2} / μm			
>	≤		公差等级							
			5	6	7	8	5	6	7	8
5.6	11.2	0.75	106	132	170	—	80	100	125	—
		1	118	150	190	236	90	112	140	180
		1.25	125	160	200	250	95	118	150	190
		1.5	140	180	224	280	106	132	170	212
11.2	22.4	1	125	160	200	250	95	118	150	190
		1.25	140	180	224	280	106	132	170	212
		1.5	150	190	236	300	112	140	180	224
		1.75	160	200	250	315	118	150	190	236
		2	170	212	265	335	125	160	200	250
		2.5	180	224	280	355	132	170	212	265
22.4	45	1	132	170	212	—	100	125	160	200
		1.5	160	200	250	315	118	150	190	236
		2	180	224	280	355	132	170	212	265
		3	212	265	335	425	160	200	250	315
		3.5	224	280	355	450	170	212	265	335
		4	236	300	375	475	180	224	280	355
		4.5	250	315	400	500	190	236	300	375

表 A-5　内、外螺纹中径和顶径的基本偏差

螺距 P		基本偏差					
		内螺纹 D_1、D_2		外螺纹 d、d_2			
		G	H	e	f	g	h
mm	μm	EI	EI	es	es	es	es
0. 75		+22	0	−56	−38	−22	0
0. 8		+24	0	−60	−38	−24	0
1		+26	0	−60	−40	−26	0
1. 25		+28	0	−63	−42	−28	0
1. 5		+32	0	−67	−45	−32	0
1. 75		+34	0	−71	−48	−34	0
2		+38	0	−71	−52	−38	0
2. 5		+42	0	−80	−58	−42	0
3		+48	0	−85	−63	−48	0
3. 5		+53	0	−90	−70	−53	0
4		+60	0	−95	−75	−60	0
4. 5		+63	0	−100	−80	−63	0

145

表 A-6　螺纹旋合长度　　　　　　　　　　　　单位：mm

公称直径 D、d		螺距 P	旋合长度			
			S	N		L
>	≤		≤	>	≤	>
5. 6	11. 2	0. 75	2. 4	2. 4	7. 1	7. 1
		1	3	3	9	9
		1.25	4	4	12	12
		1.5	5	5	15	15
11. 2	22.4	1	3. 8	3. 8	11	11
		1.25	4. 5	4. 5	13	13
		1.5	5. 6	5. 6	16	16
		1.75	6	6	18	18
		2	8	8	24	24
		2.5	10	10	30	30
22. 4	45	1	4	4	12	12
		1.5	6. 3	6. 3	19	19
		2	8. 5	8. 5	25	25
		3	12	12	36	36
		3.5	15	15	45	45
		4	18	18	53	53
		4.5	21	21	63	63

附录 A附录 A

参 考 文 献

[1] 沈学勤，李世维. 极限配合与技术测量 [M]. 北京：高等教育出版社，2008.

[2] 孔庆华，母福生，刘传绍. 极限配合与技术测量基础 [M]. 上海：同济大学出版社，2008.

[3] 何红华，马振宝. 互换性与技术测量 [M]. 北京：清华大学出版社，2008.

[4] 包艳青，李福元. 极限配合与技术测量 [M]. 北京：北京邮电出版社，2006.

[5] 马丽霞. 极限配合与技术测量 [M]. 北京：机械工业出版社，2009.

[6] 余林. 公差配合与技术测量 [M]. 大连：大连理工大学出版社，2006.